纺织新技术书库

U0161654

Lyocell 纤维生产工艺及原理

赵庆章　编著

中国纺织出版社有限公司

内 容 提 要

本书详细介绍了 Lyocell 纤维发展的历史沿革、纤维素结构、NMMO 溶剂的性质、Lyocell 纤维用浆粕制备工艺及检测方法、Lyocell 纤维的制备工艺及溶剂回收、Lyocell 纤维的应用，着重介绍了 Lyocell 纤维生产工艺及影响因素，同时从技术经济的角度分析了 Lyocell 纤维发展所面临的问题与发展前景，并针对这些问题提出了相关建议。

本书可作为纺织院校的师生、纤维素纤维行业的工程技术人员了解 Lyocell 纤维生产工艺的参考书，也可为企业家在投资 Lyocell 纤维项目的决策中提供参考。

图书在版编目(CIP)数据

Lyocell 纤维生产工艺及原理/赵庆章编著. --北京:中国纺织出版社有限公司,2020.10（2022.7重印）

（纺织新技术书库）

ISBN 978-7-5180-7854-7

Ⅰ.①L… Ⅱ.①赵… Ⅲ.①纤维素纤维—生产工艺 Ⅳ.①TS102

中国版本图书馆 CIP 数据核字(2020)第 171057 号

策划编辑:孔会云　责任编辑:沈　靖　责任校对:王蕙莹
责任印制:何　建

中国纺织出版社有限公司出版发行
地址:北京市朝阳区百子湾东里 A407 号楼　邮政编码:100124
销售电话:010—67004422　传真:010—87155801
http://www.c-textilep.com
中国纺织出版社天猫旗舰店
官方微博 http://weibo.com/2119887771
北京虎彩文化传播有限公司印刷　各地新华书店经销
2020 年 10 月第 1 版　2022 年 7 月第 2 次印刷
开本:710×1000　1/16　印张:7.75
字数:135 千字　定价:88.00 元

前　言

　　2005 年中国纺织科学研究院举行了一场关于"中国纺织科学研究院战略决策"的讨论。讨论期间回顾了中国纺织科学研究院自成立以来为纺织工业做出的多项有影响力的贡献,分析了研究院所面临的严峻形势,如何以超前的视野继续为解决行业发展的共性问题做出贡献、院属企业如何开辟新的发展领域等议题成为中国纺织科学研究院必须做出的重大抉择。此次讨论使大家的思路逐步清晰,我国高速发展的化纤业面临的挑战可以归结为资源和环境两大问题。首先是资源问题,90% 以上的化纤产品以石油为原料,而石油资源的枯竭只是时间问题,我国的资源问题尤为突出。作为化纤生产大国,我国化纤产量已经达到全球产量的 78%,同时,我国 70% 的石油依靠进口,因此,必须寻找可再生的纤维原料。其次是环境问题,黏胶纤维是化纤中的一个重要品种,其资源可再生,使用性能良好,但生产加工过程会产生严重的污染,这是其致命的缺陷。以可再生的树木、竹子和秸秆等为原料,以无毒无味的甲基氧化吗啉(NMMO)为溶剂生产的 Lyocell(莱赛尔)纤维不仅解决了资源问题,而且其生产过程无污染,弃后可自然降解,产品还具有卓越的物理性能,有望从根本上解决纺织行业可持续发展的重大问题。因此,从长远看,研究和开发 Lyocell 纤维成为行业的不二选择。然而,Lyocell 纤维生产工艺的复杂性令人生畏,全世界有多个国家对 Lyocell 纤维生产工艺进行了研究,却始终没有获得成功(报道称有 33 个国家 660 个企业或研究单位参与了相关的研究工作,其中不乏著名的大公司)。尽管由英国考陶尔兹(Courtaulds)公司(后被奥地利兰精公司兼并)开发的世界上第一条工业化生产线于 1994 年投入运行,但直到 2015 年仍然只有兰精公司独霸此项技术。

　　中国纺织科学研究院最早的研究工作始于 1998 年,但因种种原因于两年后中断。2005 年的战略讨论确定了研究院科研工作的战略方向,在经历了短期的探索工作后,于 2006 年 6 月正式启动该项目,充分利用中国纺织科学研究院的综合优势,组建了一支工程化的研究队伍,明确了建成万吨生产线的目标。

　　在全体科技人员的积极努力下,项目组开发了一系列工艺技术和专用设备,打通了从溶胀、溶解到纺丝成型的整个工艺流程,用连续化生产工艺获得了溶剂法纤维素纤维。2008 年 9 月 23 日,中国纺织工业协会(现中国纺织工业联合会)在北京组织了"绿色(Lyocell)纤维关键设备与工艺的工程化研究"的小试鉴定会。在小试进行的同时,中国纺织科学研究院从 2006 年就开始筹备千吨级中试基地的建设,2007 年 3 月,中国纺织科学研究院、新乡化纤股份有限公司(简称新乡化纤)和郑州纺织机械有限公司(简称郑纺机)签署了联合攻关协议(后因种种原因郑纺机退出了协议)。中国纺织科学研究院以小试成果为基础,对工艺和设备进行了工程化放大,2010年5月完成了千吨级Lyocell纤维中试生产线的安装和调试,并于当年10月打通了全工艺流程,又经过近两年不断的试验和改造,终于在2012年7月13日实现了千吨生产线的全负荷运行。2012年9月18日,中国纺织科学研究院和新乡化纤共同承担的千吨级Lyocell纤维产业化成套技术的研究和开发项目通过了中国纺织工业联合会的鉴定。千吨级项目不仅为研究积累了大量的工程数据,也对工艺流程和设备进行了大幅度的改造和优化,为万吨生产线的设计和制造奠定了基础。

2014年12月11日,中国纺织科学研究院、新乡化纤股份有限公司和甘肃蓝科石化高新装备股份有限公司三方共同签订了溶剂法再生纤维素纤维项目合作意向书;2015年6月,中国纺织科学研究院绿色纤维股份公司成立;2015年10月19日,年产3万吨Lyocell纤维生产线项目在新乡破土动工;2016年12月20日,一期项目一次性投料试车成功,并于2017年7月达到设计生产能力,产品质量达到了预定的要求;2017年8月29日,项目通过了中国纺织工业联合会的技术鉴定;2018年12月22日,二期项目开车成功;2019年起,单线产能3万吨的生产线投入正常运行。目前,单线产能为6万吨的三期项目正在紧张地建设中。至此,我国成为现今世界上第二个拥有该项技术的国家,它不仅是一整套具有自主知识产权的技术,且多项技术都处于国际先进水平。工业化生产线的投产为我国化纤工业的转型发展添上了浓墨重彩的一笔。

利用中国纺织科学研究院自主开发及保定天鹅股份有限公司、山东英利实业有限公司等企业从国外引进的技术,我国建成了多条Lyocell纤维生产线,为Lyocell纤维的下一步发展奠定了基础。然而,一个新的化纤品种的发展需要有一个循序渐进的过程,更需要遵循市场发展的客观规律。Lyocell纤维虽有其独特的优势,但仍然存在投资大、能耗高的缺点,现阶段Lyocell纤维在性价比上尚不具有很强的竞争力。因此,其产能的增长速度必须控制在合理的范围内,目前多地争相上马的Lyocell纤维项目已经出现了令人担忧的局面。为了便于读者更深入地了解这个行业,特编写了本书,希望读者能够通过这些材料了解项目的现状和面临的问题。

由于作者水平有限,编写过程中难免存在错误与不足之处,敬请读者批评指正。

赵庆章

2020年5月

目　录

第1章 Lyocell 纤维发展的历史沿革

早在 1939 年，美国 Enka 公司的 C. C. McCoursley、J. K. Varga、N. E. Franks 和 R. N. Amstrong 等就成功地以纤维素为原料，以 NMMO 水溶液为溶剂，经溶解、纺丝，在凝固浴中获得了纤维素丝条，打通了以 NMMO 为溶剂制备纤维素纤维的工艺流程。但由于当时溶剂价格昂贵，又没有找到一种合理的溶剂回收方法，最终这项技术被搁置下来。

1976 年，位于荷兰的 Akzo Nobel 公司和 Enka Obern Burg 研究所重新开始以 NMMO 为溶剂的纤维素纤维生产工艺的研究，最终取得了良好的结果，并于 1980 年申请了该项技术和产品的专利。1994 年，Akzo Nobel 和 Enka Obern Burg 公司合并，成立了 Akzo Nobel 公司。其后，该项专利分别转让给了英国的考陶尔兹（Courtaulds）公司及奥地利兰精（Lenzing）公司（考陶尔兹公司后被兰精公司兼并）。

1989 年，国际化学纤维标准化局（International Bureau Man-Made Fibres, BISFA）正式命名用该方法生产的纤维为"Lyocell"，其中"Lyo"来源于希腊文的"Lyein"，意为溶解，"Cell"则是取自英文纤维素"Cellulose"的字头，二者合起来的"Lyocell"意为用溶剂法生产的纤维素纤维。因此，Lyocell 特指以 NMMO 为溶剂生产的纤维素纤维[1]。

1.1 国外 Lyocell 纤维的发展概况

英国考陶尔兹公司是最早开发 Lyocell 纤维生产技术的企业。1984 年该公司在英国的格里姆斯比（Grimsby）建成了中试装置，1987 年从 Akzo Nobel 购进了 Lyocell 纤维生产的专利许可，并于 1988 年建成 2000 吨/年的半工业化 Lyocell 纤维生产装置。1992 年 12 月考陶尔兹公司投资 9000 万美元在美国亚拉巴马州（Alabama）的莫比尔（Mobile）开始建设世界上第一条年产 1.8 万吨的 Lyocell 纤维生产线，该线于 1994 年正式投产。1996 年考陶尔兹公司又投资 1.4 亿美元建设了年产 2.5 万吨的第二条生产线。其产品的商品名为 Tencel（天丝）。1998 年考陶尔兹公司在英国格里姆斯比投资 1.2 亿英镑开始兴建年产 4.2 万吨的 Tencel 短纤维厂。1998 年 7 月 Akzo Nobel 公司收购考陶尔兹公司 65% 的股份，在荷兰成立 Acordis 公司，成为当时世界上最大的 Lyocell 纤维生产商。1999 年 Akzo Nobel 又将其纤维生产线（Acordis 公司）出售给 CVC Capital Partners 集团，由该集团下属的荷兰公司 Corsadi BV 负责运行 Acordis 的纤维业务,后发展为 Tencel 集团公司(包括在美国的两条生产线)。

奥地利兰精公司是世界上几大黏胶纤维生产企业之一,20 世纪 80 年代初为解决黏胶纤维污染的问题,开始研究替代溶剂(先后研究了 3 种溶剂),1986 年,兰精公司从 Akzo Nobel 买下 5 项 NMMO 法制备纤维素纤维的基本专利,1990 年 8 月,建成兰精试验工厂,1997 年 7 月 2 日位于海利根克罗伊茨(Heilingenkreuz)的年产 1.2 万吨生产线投产,商品名为 Lenzing Lyocell。2000 年 1 月又将 1.2 万吨/年的生产线扩产至 2 万吨/年。2004 年 2 月,投资 3600 万欧元的第二条生产线投入运行,产能为 2 万吨/年,至此,兰精公司在海利根克罗伊茨的产能达到 4 万吨/年。

2004 年 5 月 4 日,兰精公司收购了 Tencel 集团公司,成为世界上 Lyocell 纤维的唯一供应者,总产能达到 12 万吨/年。

2004 年后,Lyocell 纤维因为生产成本等原因,经历了发展迟缓的 10 年,但对于 Lyocell 纤维的研究始终没有停止,其关注点在于如何降低生产成本,增加单线产能是其采取的主要手段。因此,兰精公司在此期间进行了大量的扩产改造,为更大的单线规模生产线作技术储备和尝试。2007 年,兰精公司将在海利根克罗伊茨 4 万吨/年总产能扩大到 5 万吨/年,改造于 2008 年完成;2010 年,又将总产能 5 万吨/年进一步扩大到 6 万吨/年;同年投资 3000 万欧元,将美国莫比尔的 4 万吨/年产能扩产至 5 万吨/年。将英国的生产线改成专门生产抗原纤化的 A-100。在大量的技术改造基础上,兰精公司于 2012 年 6 月在奥地利兰精地区开始建设单线 6.7 万吨/年的生产线(实际投资 1.5 亿欧元,使每吨纤维投资降低到 2200 欧元,不含公用工程)。该生产线于 2014 年,正式投产,使 Lyocell 纤维的单线产能有了大幅度的提高。

2017 年 3 月,兰精公司又投资 1 亿欧元用于扩能改造,共新增产能 3.5 万吨/年,其中奥地利海利根克罗伊茨 2.5 万吨(7000 万欧元)和兰精 1 万吨(3000 万欧元)。项目于 2018 年投产。2017 年兰精公司曾计划在美国莫比尔兴建 9 万吨生产线,投资 2.93 亿美元(合 2.75 亿欧元,吨纤维投资为 3055 欧元),后因种种原因项目未能如期进行。同时在泰国 Prachinburi 304 工业园建设 10 万吨/年的 Lyocell 纤维工厂,2018 年动工,2020 年底投产[2]。Lyocell 纤维迎来了前所未有的高速发展阶段。

在 Lyocell 纤维长丝生产方面,1997 年 Akzo Nobel 和兰精公司合资在德国奥伯恩堡(Obernburg)建成 100 吨/年的长丝生产线,取名 Newcell,1999 年扩产至 5000 吨/年。2017 年兰精公司投资 3000 万欧元开始建设长丝 Luxe 中试生产线,现已投入运行。

此外,印度博拉公司对 Lyocell 纤维的研究已经有很长的历史,2007 年建成 5000 吨/年的生产线(最初采用的是 LIST 溶解工艺,后改为薄膜蒸发器溶解工艺),现已具有 2 万吨/年的生产能力,商品名称为 Birla Excel;韩国 Hanil 合成纤维公司采用纤维素粉末与高浓度 NMMO 直接在双螺杆溶解的工艺路线,2002 年建成 2000 吨/年的生产线,商品名称为 Cocel,该工艺未见在韩国实现工业化生产的报道,有报道称我国某公司引进了该项技术并建成 5000 吨的生产线;位于梅季希(Mytichi)地区的俄罗斯研究院也建有实验线,商品名称为 Orcel;此外,日本也开展了对 Lyocell 纤维的研究。但是以上这些对 Lyocell 纤维开展研究的国家(除印度博拉公司外)至今未能实现规模化生产。从而也可以看出,要掌握 Lyocell 纤维成套生产技术的难度之大。

1.2　我国 Lyocell 纤维的发展概况

1987 年,成都科技大学最先开始了 NMMO 溶剂法纤维素纤维小试研究,并于同年被列入"八五"科技攻关滚动项目,该项目由成都科技大学牵头,在宜宾化纤厂建设了 50 吨/年的试验装置。

东华大学于 1994 年开始 Lyocell 纤维的实验室研究。1997 年下半年成立 Lyocell 纤维的研究开发中心,进行了大量的基础理论研究工作。

1998 年 3 月,在中国纺织工业协会(现中国纺织工业联合会)领导下,集中优势力量,组织了由中国纺织科学研究院、中国纺织大学(现东华大学)和纺织科技开发中心三家合作的科研队伍,在中国纺织科学研究院建立纺丝实验线,对溶液制备、喷丝组件、凝固成形等问题进行了基础研究(俗称 983 项目),后该项目因为经费等问题被迫停止。

1999 年 6 月,东华大学在上海市科委和上海纺织控股集团的支持下,承担了上海市科技攻关重点项目"年产 100 吨莱赛尔纤维的国产化工艺和设备的研究"。立项后半年建成了一条年产 100 吨 Lyocell 纤维的小试生产线,采用的是全混式溶解工艺(LIST)。其后东华大学与上海纺织控股集团、德国 TITK 研究所进行产学研合作,启动了千吨级 Lyocell 纤维的半工业化生产技术的研究。项目于 2001 年被列入国家"十五"高技术产业化新材料专项,2004 年 10 月被列入上海市首批 29 个科教兴市重大产业攻关项目,2004 年上海纺织控股集团、北京高新公司和上海大盛公司共同斥资 1.4 亿元,组建了上海里奥企业发展有限公司,并以"高技术产业化新材料"课题名启动了 1000 吨/年的 Lyocell 纤维产业化项目。2006 年 2 月生产线全线贯通,2007 年通过项目验收。这个样板厂由德国 TITK 研究所技术专家提供基础设计,浆粕溶解设备由瑞士 LIST 公司提供,纺丝设备由德国苏拉集团纽马格公司提供。在其后较长的时间里,上海里奥企业发展有限公司生产 Lyocell 竹纤维,产品销往日本,其商品名为里奥竹。

恒天集团保定天鹅股份有限公司是最早涉及 Lyocell 纤维产业化的企业之一。2002 年 6 月 20 日,国家经济贸易委员会下发了国经贸投〔2002〕414 号文《关于审批保定天鹅股份有限公司新溶剂法纤维素短纤维建设工作可行性研究报告请示》的通知"[3]。年产 3 万吨新溶剂法纤维素短纤维项目得到国家批准。2003 年 3 月 28 日保定天鹅股份有限公司与德国吉玛公司在石家庄河北会堂签订了 3 万吨/年溶剂法纤维素短纤维技术改造项目成套设备引进合同(该项目又称 Lyocell 纤维国债项目)。但由于当年欧元汇率变化过大,致使投资预算大幅增加,原本有意贷款的中国农业银行权衡风险后举步不前,使国家贴息和贷款没有得到有效落实而导致项目被迫终止。2010 年,保定天鹅股份有限公司重新启动溶剂法纤维素短纤维技术改造项目,并于 2010 年 5 月 5 日与奥地利 One-A 公司在保定签署了年产 3 万吨 Lyocell 短纤维技术改造项目技术转让协议和 EES 合同。该项目总投资 13.8 亿元,分 A、B 两条生产线,每条生产线年产 1.5 万吨 Lyocell 短纤维。2014 年 1 月 5 日,A 线试运行成功,并于 2016 年 1 月 21 日通过项目鉴定。2015 年纤维进入市场推广,注册了"天鹅莱赛尔®"和"元丝®"商标,现市场通用商标为"元丝®",其产品分为普通型 Lyocell 和交联型 Lyocell(低原纤化) 两大系列。2015 年 10 月 10 日,保定天鹅股份有限公司与保定市顺平县政府就年产 6 万吨 Lyocell 项目举行签约仪式,该项目总投资 25 亿元,建设年产 6 万吨溶剂法纤维素短纤维生产线及配套设施。

中国纺织科学研究院于 2006 年重启中断多年的 983 项目,组建了一支由多专业背景技术人员,以产业化为目标的工程化研究队伍,在工艺研究的基础上,开发了适合于 NMMO 溶剂法纤维素制备所需的一系列设备。2008 年 9 月通过了由中国纺织工业协会组织的"绿色(Lyocell)纤维关键设备与工艺的工程化研究"(10 吨级/年连续化)小试科技成果鉴定,获得了从溶液制备、纺丝到溶剂回收整套装置的工程化设计参数。2009 年 3 月,中国纺织科学研究院(提供工艺软件包)、新乡化纤股份有限公司(提供场地和公用工程)和郑州纺织机械有限公司(提供溶剂回收技术)签订了三方合作协议,启动了千吨级 Lyocell 纤维国产化生产线的建设,后郑纺机因种种原因退出。2009 年中国纺织科学研究院与新乡化纤合作,以 10 吨级/年连续化 NMMO 溶剂法纤维素纤维制备工艺为基础,对专用设备进行了工程化放大,开发建成了一条千吨级 NMMO 溶剂法准工业化试验生产线,2012 年 9 月 18 日,中国纺织科学研究院和新乡化纤共同承担的千吨级 Lyocell 纤维产业化成套技术的研究和开发项目通过了中国纺织工业联合会组织的技术鉴定。2014 年 12 月 11 日,中国纺织科学研究院、新乡化纤和甘肃蓝科石化高新装备股份有限公司三方共同签订了溶剂法再生纤维素纤维项目合作意向书,并于 2015 年 6 月组建了中国纺织科学研究院绿色纤维股份公司,利用中国纺织科学研究院自主研发的成套工程化技术,于 2015 年 10 月 19 日(奠基仪式)开始在新乡建设 3 万吨生产线,2016 年 12 月 20 日,万吨线一期一次性投料试车成功,并于 2017 年 7 月达到设计生产能力,产品质量达到了预定的要求。2017 年 8 月 29 日,项目通过了中国纺织工业联合会的技术鉴定。2018 年 12 月 22 日,二期项目开车成功,2019 年起,单线产能 3 万吨生产线投入正常运行。目前,单线产能为 6 万吨的三期项目正在紧张地建设中,将在 2020 年投入运行。

山东英利实业有限公司创建于 2010 年,是一家集纤维及制品开发、生产、销售为一体的科技型企业,其中山东嘉成赛尔新材料有限公司从事 Lyocell 纤维的生产。2012 年 11 月 15 日,山东英利实业有限公司与奥地利 One-A 公司就 3 万吨/年 Lyocell 纤维项目进行了签约,总投资 10.2 亿元(人民币),建设内容包括两条 1.5 万吨/年的 Lyocell 纤维生产线。2015 年 4 月 16 日,A 线 1.5 万吨生产线开车成功。其后,项目 B 线的设计部署及工程建设工作全面展开。山东英利实业有限公司的 Lyocell 纤维注册商标为"瑛赛尔®",现已进入市场销售。

湖北新阳特种纤维股份有限公司成立于 2002 年 10 月,是国内主要的醋酯纤维丝束生产、出口企业之一,具有年产 12000 吨醋酯纤维丝束的生产能力。2017 年该公司开始 Lyocell 纤维的研究和生产,公司投资 1.4 亿元引进韩国双螺杆溶解技术,在当阳市金桥工业园区建设了一条年产 2500 吨环保型新溶剂法纤维素纤维(Lyocell)实验生产线,该生产线于 2019 年 3 月开车试产成功。该项目原计划总投资 18.3 亿元,建设 20 条年产 5000 吨莱赛尔纤维素纤维生产线,建设时间为五年,分四期进行,项目全部建成投产后,可达到年产 10 万吨莱赛尔纤维素纤维的生产能力。据推测这一规划是基于韩国双螺杆溶解技术。其后,2018 年 4 月又有消息报称,湖北金环绿色纤维有限公司与奥地利 One-A 公司签订了意向合作协议,总投资 23.85 亿元,建设年产 10 万吨 Lyocell 纤维的生产线,因此,10 万吨规划项目应该是采用了 One-A 公司提供的湿法溶胀、薄膜蒸发、干喷湿纺的技术路线,该技术与早期提供给保定天鹅股份有限公司和山东英利实业有限公司的技术相同。项目于 2019 年初开始,一期计划 4 万吨/年,2020 年上半年投产。公司长远规划将总产能扩展到 20 万吨/年。

福建宏远集团曾经参与了 Lyocell 纤维的工业化开发,2008 年 11 月 22 日,福建省科技厅组织召开的福建省科技重大专项专题"新溶剂法再生竹纤维纺织材料的研发"项目 300 吨/年中试通过验收。2009 年 8 月,福建宏远集团年产 5000 吨新溶剂法再生竹纤维纺织材料的生产线投产。该 Lyocell 纤维制备技术由中国科学院化学研究所和福建宏远集团有限公司等企业联合攻关完成,被福建省列入重大科投专项。2014 年 8 月 1 日,福建宏远集团承担的中央投资重点产业振兴和技术改造专项"5000 吨/年新溶剂法竹纤维短纤产业化"项目通过竣工验收[4],但未见有相关产品在市场上销售。

我国台湾聚隆股份有限公司投入了 1.8 亿新台币,对 Lyocell 长丝进行长期的研究,建成年产 40 吨的长丝中试生产线,取名 Acell。

曾经参与过 Lyocell 纤维产业化开发的还有江苏新民纺织科技股份有限公司,该公司拟与江苏丝绸集团有限公司共同出资设立江苏新民苏豪新材料有限公司,欲投资 10 亿元建年产 3 万吨溶剂法纤维素纤维项目。

参考文献

［1］KOCH P A. Lyocell Fiber（Alternative regeneratedcellulose fibers）［J］. Chemical Fibers International，1997，47（1）：298-304.

［2］Annual reports 1999—2019［EB/OL］. https：//www. lenzing. com/investors/publications.

［3］保定天鹅股份有限公司对外投资公告［EB/OL］. http：//quotes. money. 163. com/f10/ggmx_000687_559658. html.

［4］加快新产品开发步伐，助推工艺转型升级［EB/OL］. http：//roll. sohu. com/20130621/n379447667. shtml.

第2章　纤维素的结构与性能

　　纤维素是广泛存在于自然界动植物中的天然高分子,它是植物细胞壁的主要成分,也是海洋生物的外膜的组成部分。据测算,世界现存的纤维素量高达万亿吨,每年新生成的纤维素为1000亿~1500亿吨。纤维素有众多的用途,它不仅广泛用于纺织行业,还可用作食品添加剂及其多种工业生产的原材料。纤维素可谓取之不尽,用之不竭,是人类最宝贵的天然可再生资源之一。

2.1　纤维素的基本结构

　　纤维素分子是由葡萄糖通过 β-1,4 糖苷键连接起来的链状高分子,当纤维素与无机酸作用发生水解反应时,最终可以得到接近理论量的 D-葡萄糖。

$$(C_6H_{10}O_5)_n + nH_2O \Longrightarrow n(C_6H_{12}O_6)$$

　　纤维素的分子式为 $(C_6H_{10}O_5)_n$,其中 n 为葡萄糖基的数量,称为聚合度(DP),纤维素的分子量范围为 50000~2500000(相当于 300~15000 个葡萄糖基)。葡萄糖有两种基本的立体构型。由五个碳与一个氧原子构成了一个平面的六元环,碳 1 和碳 4 分别处于六元环中,饱和碳具有正四面体的构型,碳 1 和碳 4 的两个 σ 键分别用于构成六元环,另两个 σ 键分别与氢和羟基相连,对于六元环的平面而言,与碳 1 和碳 4 相连的羟基可以处在平面的同一侧,也可以不在同一侧。当碳 1、碳 4 位上的羟基处于葡萄糖环的同一侧时,该结构称为 α-D 葡萄糖;相反,当碳 1、碳 4 位上的羟基不在同一侧时,则称为 β-D 葡萄糖(图 2-1)。

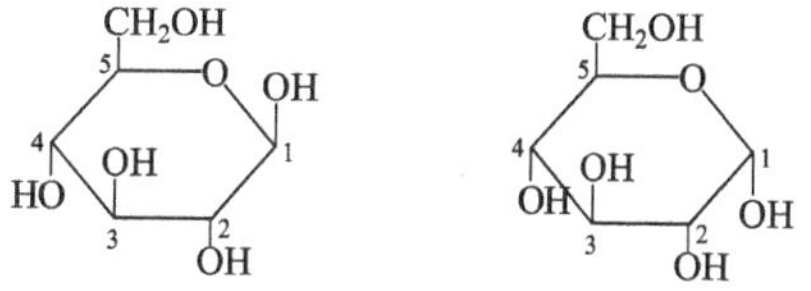

图 2-1　β-D 葡萄糖(左)
和 α-D 葡萄糖(右)

　　D 和 L 则来自葡萄糖分子立体结构上的差异,饱和碳原子的四个共价键与 4 个原子或原子团相连接时,碳原子处于正四面体的中心,当与其相连的四个基团不相同时,便会产生镜像异构。葡萄糖分子中存在 4 个不对称碳原子,因此,有 16 个镜像异构体,即 8 个 D 型和 8 个 L 型。D 和 L 取自英文 Dextrorotatory 和 Levorotatory 的字头,表示右旋和左旋。通常人们都是以 D 型和 L 型的 3 碳糖甘油醛为标准来确定葡萄糖的构型。在投影结构图中,当 3 碳糖甘油醛中与末端相连的伯醇碳原子邻接的不对称碳原子上的羟基位于右边时,定为 D 型;位于左边时,定为 L 型。同样,开链结构的葡萄糖上与末端相连的伯醇碳原子邻接的不对称碳 5 原子上的羟基位于右边时,定为 D 型;位于左边时,则为 L 型(图 2-2)。纤维素则是由 β-D 葡萄糖组成。

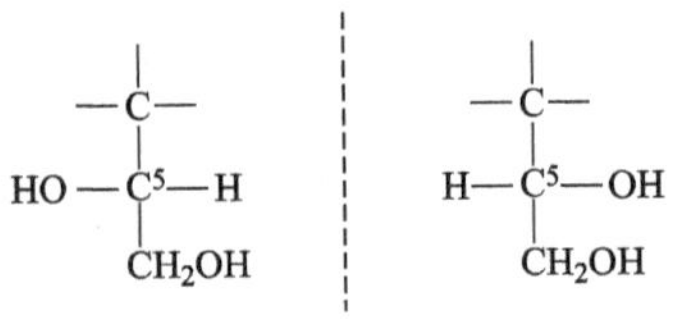

图 2-2　L-型葡萄糖(左)和 D-型葡萄糖(右)

　　由于内旋转的作用,分子中原子的几何排列会不断发生变化,进而产生了各种内旋转异构体,异构体的数量取决于各种异构体的能量,能量越低存在的概率越大。纤维素分子链的最稳定构象是两个 β-D 葡萄糖基平面呈 180°,并通过苷键连接组成纤维素的最基本晶格单元,即通常认为的椅式结构,如图 2-3、图 2-4 所示。

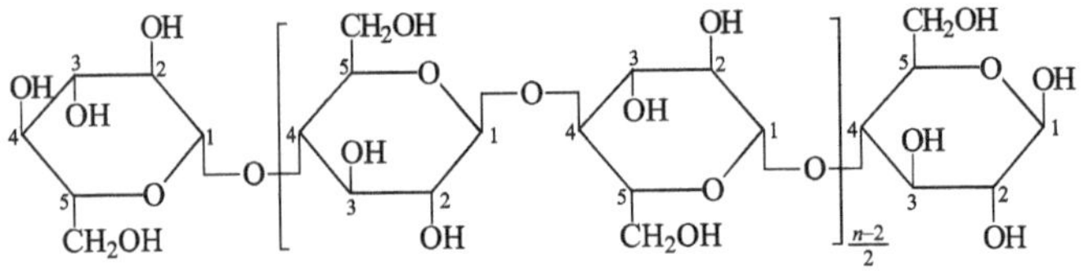

图 2-3　纤维素纤维的结构式

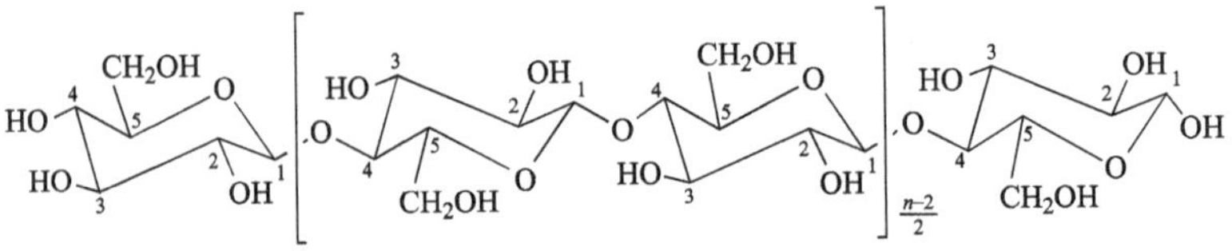

图 2-4　纤维素纤维的椅式构型

2.2　纤维素的聚集态结构

　　与其他天然聚合物比较,纤维素分子的重复单元简单而均一,没有支链结构,使其易于向长度方向伸展,加上葡萄糖环上有多个羟基,十分有利于形成分子内和分子间的氢键。人们对纤维素的立体结构进行了大量的研究,通过射线 X 衍射等手段确立了纤维素的晶体结构,通常认为纤维素的"单元晶胞"属于单斜晶系,具有边长 $a \neq b \neq c$ 和晶轴夹角 $\alpha \neq \beta \neq \gamma \neq 90°$ 的特征。其晶胞参数为:$a=8.35\text{Å}$、$b=10.3\text{Å}$、$c=7.9\text{Å}$ 和 $\beta=84°$。其晶态结构如图 2-5 所示。

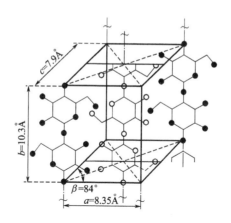

图 2-5 纤维素纤维的晶态结构

  X 射线衍射获得的信息实际上反映的是具有一定规律排列的原子的位置,纤维素分子占据了晶体单元的四个角和一条中心线,每一个边上含有一个纤维素的链单位(晶胞),即两个葡萄糖基,并反转 180°连接。这种晶型结构也被称为纤维素 Ⅰ。除了纤维素 Ⅰ 之外,迄今已经发现了五种不同结构的变体,称为纤维素 Ⅰ、纤维素 Ⅱ、纤维素 Ⅲ、纤维素 Ⅳ、纤维素 Ⅴ。它们的 X 射线衍射图各具特征,并且 X 射线衍射强度各不相同。各种纤维素的晶胞参数见表 2-1。

表 2-1 各种纤维素的晶胞参数

纤维种类	晶胞参数			
	a	b	c	β
纤维素 Ⅰ	8.35Å	10.3Å	7.9Å	84°
纤维素 Ⅱ	8.10Å	10.3Å	9.1Å	62°
纤维素 Ⅲ	7.74Å	10.3Å	9.9Å	58°
纤维素 Ⅳ	8.11Å	10.3Å	7.9Å	90°
纤维素 Ⅴ	8.11Å	10.3Å	7.9Å	90°

  人们常把纤维素 Ⅰ 称为天然纤维素,而将其他几种称为人造纤维素,因为纤维素 Ⅰ 在各种不同条件下可以演变为其他几种纤维素晶体。例如,纤维素 Ⅰ 在氢氧化钠作用下,可以获得纤维素 Ⅱ;纤维素 Ⅰ 和液态氨作用可以得到纤维素 Ⅲ;纤维素 Ⅰ 在高于200℃温度下可以获得纤维素 Ⅳ 等。相反,人们不能从其他几种纤维素中获得纤维素 Ⅰ。

  纤维素纤维的几种变体都来自于纤维素 Ⅰ,它们的分子链结构和重复距离几乎相同,其区别在于晶胞大小和形式、链的构象和堆砌形式。在一定条件下,结晶变体间可发生相互转化,其中最重要的是天然纤维素Ⅰ向纤维素Ⅱ的转化。纤维素Ⅰ为平行链结构,而纤维素Ⅱ为反平行链结构,故纤维素Ⅱ有更多形成氢键的空间,单元晶胞结构较紧密,能量最低,成为最稳定的晶型。纤维素Ⅱ之所以具有更紧密的结构,不少研究者将其归功于纤维素再生过程中所形成的溶液,在纺丝溶液中分子链被溶剂隔离,易于相互移动,并重新排列成最低的能量形式。Lyocell 纤维的原料是纤维素Ⅰ,而最终纤维的结构是纤维素Ⅱ。

对天然纤维素超分子结构的研究表明,纤维素由结晶相和非结晶相组成,两相交错存在,用 X 射线衍射技术测试时,非结晶相呈现无定形状态,其大部分葡萄糖环上的羟基处于游离状态;而结晶相纤维素中大量的羟基形成了数目庞大的氢键,这些氢键可构成巨大的氢键网格,直接导致了致密的晶体结构。纤维素分子聚集态的特点是易于结晶和形成原纤结构。对于纤维素聚集态结构的描述,被人们普遍接受的是缨状微胞理论,这一理论认为:纤维素纤维由晶区和非晶区构成,分子链可以几经折叠形成缨状的结晶部分,同时一个纤维素分子除了形成晶区外,还可以由微胞的边缘进入非晶区,晶区和非晶区之间无截然的不同,因此,结晶部分和非晶部分并非截然分开。可以认为纤维素结构是一个由大分子形成的连续结构,分子排列紧密。取向度好的部分分子间作用力大,形成晶体,而密度小的部分取向度稍差,结合力小,便形成了无定形区,这两个区之间又由分子链直接相连。

纤维素的结构参数很多,结晶度是重要的参数之一,人们在研究纤维素的过程中发明了多种结晶度的检测方法,如射线衍射法、比重法、酸水解法、重氢取代法等。由于各种方法所采用的样品制备过程千差万别,故所得到的结果也各不相同,X 射线衍射法是常采用的方法。与纤维素相关的各类纤维的结晶度见表 2-2。

表 2-2　各类纤维的结晶度

纤维品种	棉纤维	Lyocell 纤维	黏胶纤维
聚合度	10000	500~550	250~300
结晶度/%	70	50	30

结晶度对纤维素纤维性质产生的影响是有一定规律的。随着结晶度的增加,断裂强度、弹性模量、硬度、密度、形状稳定性都有提高,而延伸度、吸湿性、溶胀性、染料吸附性、化学反应性、柔软性都有所降低。

原纤(fibril)是一种细小、伸展的单元,它会在分子链的长度方向以折叠链的方式聚集成束。由于原纤聚集的大小不同,又可以将其细分为基元原纤(elementary fibril)、微原纤(micro fibril)和大原纤(macro fibril 或 bundle)。有代表性的 Fengel 模型认为:基元原纤的直径约为 3nm,它是最基本的结构单元;16 根基元原纤组成了原纤维,它的直径在 12nm 左右;再由 4 根原纤维组成了微原纤,其直径在 25nm 左右。一个以上的微原纤构成了大原纤,大原纤的大小随原料来源或加工条件不同而异。

纤维素是具有不同形态的固体物质,无臭无味,比重为 1.50~1.56,比热为 0.31~0.33cal/(g·K)。

2.3　纤维素的化学反应

纤维素分子中存在多个具有反应活性的基团,这些基团都可以以不同的方式参与化学反应,纤维素分子中具有反应活性的基团如图 2-6 所示。

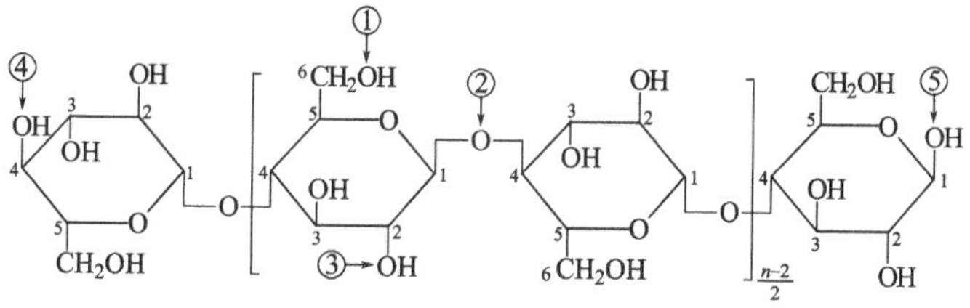

图 2-6　纤维素纤维的反应活性基团
①—伯羟基　②—苷键　③—仲羟基　④—端羟基　⑤—端羟基(具有半缩醛的性质)

通常把纤维素纤维描述为由数个 β-D 葡萄糖基以 1,4 苷键形式连接起来的链状高分子化合物。其中具有参与化学反应的基团包括葡萄糖基上的三个羟基、连接葡萄糖基的苷键和纤维素端部上的两个羟基。纤维素化学中研究最多的是葡萄糖环上的羟基,纤维素分子中大量羟基的存在不仅造就了纤维素的特殊物理性能,也为其衍生物的制造提供了条件。位于葡萄糖环 2、3、6 位置上的三个碳原子都与羟基相连,与碳 2、碳 3 相连的是仲羟基,与碳 6 相连的则是伯羟基。伯、仲羟基具有不同的化学反应能力。在酯化反应中,碳 6 上羟基的反应速率较其他两个羟基快 10 倍,而碳 2 位上的羟基的醚化反应速率比碳 3 位上的羟基快两倍。苷键具有缩醛的性质,易在化学反应中断裂,苷键的断裂造成了纤维素分子的降解。纤维素分子中的端基一头为还原性的末端基(碳 1 位置上的苷羟基),具有半缩醛的性质;而另一头是非还原性的末端基(碳 4 位置上的羟基),它保留了羟基的性质。由于作为材料使用的纤维素都具有较高的聚合度,端基上的官能团在纤维素中的占比很小,因此,它对材料性能的影响不大。

对于纤维素的研究已经有悠久的历史,也已经开发出了多个纤维素的衍生产品。黏胶纤维的中间体、醋酯纤维、硝化纤维都是纤维素通过特定的化学反应获得的纤维素的衍生物,而 Lyocell 纤维的抗原纤化处理则是交联剂与纤维素上的羟基发生化学反应的结果。

2.3.1 黏胶纤维

纤维素纤维在很多溶剂中都不溶解,某些能够直接溶解纤维素的溶液又因为对纤维素的结构有较大的破坏作用,进而不能直接用来制备再生纤维素纤维。黏胶纤维生产工艺是通过制备一种中间产物,这个产物能够溶解在某个溶剂中,纤维素溶液用来纺制成纤维,成纤维后再将其通过化学反应还原成纤维素。过程中主要的化学反应包括碱化、黄化和还原。碱化是为了有利于黄化,黄化是为了纤维素能够在稀碱液中溶解,还原则是去除黄化剂,将纤维素还原回原来的化学结构。这些反应都发生在葡萄糖环的仲羟基上。用18%的氢氧化钠处理纤维素,产物为碱性纤维素,碱化反应的速度很快,纤维素和碱充分接触后,只需 3~5min 便可生成碱性纤维素,生成的碱纤维素的 r 值约为 100(r 为酯化度,它表示纤维素分子中 100 个葡萄糖残基上参与反应的基团分子数),$r=100$ 即表示平均每个葡萄糖残基结合一个分子的氢氧化钠,其结合的点通常认为是在酸性较强的碳 2 的仲羟基上。反应的第一步是氢氧化钠和纤维素反应,生成碱纤维素,而后碱纤维素与二硫化碳反应生成可溶性纤维素黄酸酯,其反应式如图 2-7 所示。

$$(C_6H_{10}O_5)_n + nNaOH \longrightarrow (C_6H_9O_4ONa)_n + nH_2O$$

$$(C_6H_9O_4ONa)_n + nCS_2 \longrightarrow \left[SC \Big\langle{ {SNa} \atop {OC_6H_9O_4} } \right]_n$$

图 2-7 生成纤维素黄酸酯的反应式

制备纤维素黄酸酯的目的是要使纤维素能够溶解在碱性溶液中,以制成纺丝溶液。实际生产过程中,要在碱液中溶解纤维素黄酸酯,并不需要对葡萄糖基的所有羟基都进行酯化,r 值要求在 50~55 范围内,也就是说每 100 个葡萄糖基有 50~55 个羟基与二硫化碳分子进行反应即可。换言之,当黄化反应进行到这个程度时,纤维素已经可以溶解在8%的碱性溶液中了。这个溶液就是纤维素纺丝液。黏胶纤维通常采用湿法纺丝工艺,纺丝液从喷丝孔出来立即进入纺丝浴,纺丝浴是由硫酸等配制而成,纤维素黄酸酯与硫酸反应,纤维素被还原,同时释放出二硫化碳。酸浴的任务是将离开喷丝头的黏胶溶液细流凝固下来,转变为连续的黏胶长丝,凝固过程中通过双向扩散及化学反应,纤维素被还原。其化学反应式如图 2-8 所示。

$$\left[SC \Big\langle{ {SNa} \atop {OC_6H_9O_4} } \right]_n + nH_2SO_4 \longrightarrow (C_6H_{10}O_5)_n + nNaHSO_4 + nCS_2 \uparrow$$

图 2-8 纤维素被还原的化学反应式

因为溶解纤维素黄酸酯的是氢氧化钠,因此,凝固浴中还会有硫酸和溶液中碱中和的反应。

2.3.2　醋酯纤维

醋酯纤维素是纤维素中的羟基被酯化而生成的纤维素醋酸酯。不同酯化程度的醋酯纤维有不同的性能和用途。醋酯纤维大致可分为 3 类:酯化程度在 230～240 时,称为一醋酯纤维素,主要用于涂料和塑料;酯化程度在 240～260 时,称为二醋酯纤维素,主要用于人造丝和香烟过滤嘴;酯化程度在 280～300 时,称为三醋酯纤维素,主要用于膜材料和绝缘材料。作为人造纤维的醋酯纤维酷似真丝,适于制作内衣、浴衣、童装、妇女服装和室内装饰织物等,全世界醋酯纤维的产量约在 80 万吨。服用醋酯纤维大约占总产量的 1/4,而醋酯纤维主要用途是香烟过滤嘴。

生产醋酯纤维的纤维素在反应前需要进行活化,以便使化学试剂均匀地进入纤维素的内部,活化后的纤维素加入硫酸、醋酐组成的乙酰化试剂进行乙酰化处理,硫酸作为催化剂,其反应产物是三醋酸酯。二醋酸酯通常是由三醋酸酯部分皂化后获得,产物经沉淀、去溶剂、洗涤、干燥及粉碎等工序得到供纺丝用醋片,醋酯纤维制备中的化学反应如图 2-9 所示。

$$\text{Cell——(OH)}_3 + 3\text{Ac}_2\text{O} \xrightarrow{\text{H}_2\text{SO}_4} \text{Cell——(OAc)}_3$$

图 2-9　三醋酯纤维素制备的化学反应式

二醋酸酯纤维长丝用干法纺丝制得,将二醋酸纤维素酯溶解在含少量水的丙酮溶剂中,配成浓度为 22%～30% 的纺丝液,经过滤和脱泡后进行纺丝。纺丝液细流与热空气流接触,溶剂挥发,形成丝条,经拉伸制得醋酯纤维。

2.3.3　硝化纤维

硝化纤维素是纤维素分子上的羟基部分或全部被硝基所取代的产物。纤维素的硝化是一个典型的酯化反应,由纤维素的醇羟基和硝酸反应生成酯和水。葡萄糖环上的3 个羟基都可能与硝酸发生反应,因此,反应程度不同可以得到不同取代度的硝化纤维。平均酯化度可在 0～300 之间调节,即每一个葡萄糖残基中形成硝酸酯基的数在0～3 之间,硝化纤维制备中的化学反应如图 2-10 所示。

$$\text{Cell——(OH)}_3 + 3\text{HONO}_2 \xrightarrow{\text{H}_2\text{SO}_4} \text{Cell——(ONO}_2)_3$$

图 2-10　硝化纤维制备的化学反应式

纤维素在进行硝化时,若单独用硝酸且浓度低于 75% 时,酯化反应几乎不发生。当硝酸的浓度达到 77.5% 时,羟基的酯化度可以达到 15°,而用无水的硝酸时,酯化度可以达到 200,要制备酯化度大于 200 的硝化纤维就必须用混酸。这可能与酯化反应是一个可逆平衡反应有关,当体系中生成的水不能排出时,反应就不能朝生成酯的方向发展。工业化生产中主要采用硝酸和硫酸的混合酸,硝酸和硫酸首先生成硝镓离子(NO_2^+)。这是一个活泼的硝化剂,能够促进硝酸酯的形成,硫酸的主要作用为脱水剂,以除去反应中生成的水。硫酸还能够起到膨胀剂的作用,有利于硝酸的渗透,进而加速了硝化反应的进行。硝化反应通常能够迅速完成。

硝化纤维素是一种重要的工业产品,根据含氮量的不同可在不同领域内使用:含氮量为 10.7%~11.2% 时,可用于制作赛璐珞;含氮量为 11.2%~11.7% 时,可用于制作胶片、眼镜架等;含氮量为 11.8%~12.3% 时,可用于制作喷漆、胶黏剂等;含氮量为 12.4%~13.0% 时,可用于制作无焰火药。

2.3.4 纤维素醚

纤维素葡萄糖基中的羟基除了可以和酸生成酯外,还可以与相应的试剂作用而生成各类醚。工业产品包括甲基纤维素、乙基纤维素、羟甲基纤维素、羟乙基纤维素、羟丙基纤维素等。它们在油田、化工、食品、医药、涂料等领域得到广泛应用。

纤维素的醚化反应基本原理都是基于经典的有机化学反应,例如,甲基纤维素、乙基纤维素和羟甲基纤维素都是按照 Williamsond 的醚化反应原理进行。同理,纤维素在与醚化剂反应前必须先制成碱纤维素,碱纤维素制备的反应如图 2-11 所示。

$$Cell—OH+NaOH \rightleftharpoons Cell—O^-Na^+ +H_2O$$

图 2-11 碱性纤维素制备的化学反应式

而后,碱纤维素与各类醚化剂反应得到不同的纤维素醚产品,纤维素醚制备中的反应如图 2-12 所示。

$$Cell—O^-Na^- + \begin{array}{l} CH_3Cl \longrightarrow Cell—OCH_3 \\ CH_3CH_2Cl \longrightarrow Cell—OCH_2CH_3 \end{array}$$

图 2-12 纤维素与卤化物的醚化反应

醚的生成还可以利用环氧基化合物。碱性纤维素可以和环氧乙烷反应而生成羟乙基纤维素。同理,改变环氧分子的结构,便可得到羟乙基、羟丙基纤维素,它们的化学反应如图 2-13 所示。

$$Cell\text{—}OH + NaOH \Longleftrightarrow Cell\text{—}O^-Na^+ + H_2O$$

制成碱纤维素

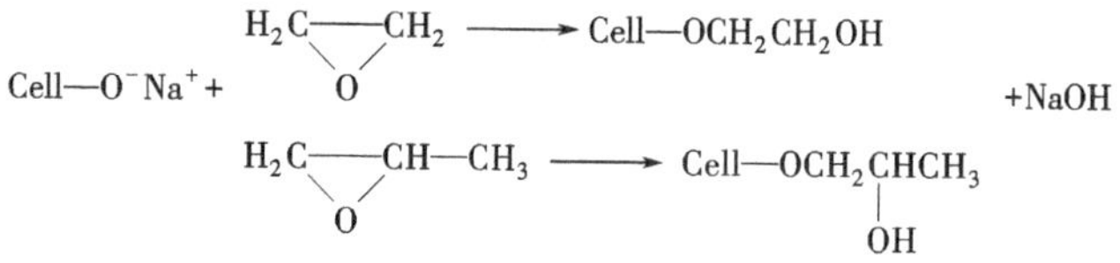

$$Cell\text{—}O^-Na^+ + \begin{array}{c} H_2C\text{——}CH_2 \\ \diagdown\ \ \diagup \\ O \end{array} \longrightarrow Cell\text{—}OCH_2CH_2OH$$

$$\begin{array}{c} H_2C\text{——}CH\text{—}CH_3 \\ \diagdown\ \ \ \diagup \\ O \end{array} \longrightarrow Cell\text{—}OCH_2\underset{\overset{|}{OH}}{C}HCH_3 \qquad +NaOH$$

图 2-13　羟乙基、羟丙基纤维素醚制备的化学反应式

纤维素醚的制备通常要考虑两个重要因素,一个是取代基的性质,是亲水的还是疏水的;另一个是取代度。因为它们决定了在水中或有机溶剂中的溶解度和絮凝性。对于疏水型的取代基,如甲基或乙基,只有达到中等取代度时才能赋予产物水溶性,低取代度的这类产物在水中只能溶胀,或溶于稀碱中。

2.3.5　Lyocell 纤维的抗原纤化处理

Lyocell 纤维有诸多的优点,但也存在一个突出的缺点——原纤化。Lyocell 纤维出现的原纤属于巨原纤,不易磨损脱落,它不仅会影响服装的外观,而且对纤维的加工过程产生不良影响。张建春[5]等人的研究表明,Tencel 纤维具有独特的皮芯结构,芯层主要由高度平行的巨原纤组成,皮层则由较薄的外皮层和较厚的内皮层组成。Lyocell 纤维具有高结晶和高取向的特点,这一特征导致纤维具有很高的纵向拉伸力;另一方面,高结晶使无定形区域减少,进而减少了分子链的横向的互穿。皮层的结构是在纤维成形过程中形成的。Lyocell 纤维纺丝采用的是干喷湿纺工艺,纺丝溶液出喷丝孔后,被冷却风迅速冷却、固化,并承受最大的拉伸应力;此时,纤维直径也急剧减小,由于纤维内部冷却明显慢于外层,内层的固化过程滞后于外层,越往纤维的内部固化的滞后越严重,由此,形成了纤维的层状结构,纤维的纵向由于受到较大的拉伸力,形成了高度取向和结晶结构,而纤维的纵向由于成形时间上的差异,层与层之间就不能形成完善的分子间氢键,进而减少了纤维横向的作用力。这一结构在某些特定的条件下较易遭到破坏。巨原纤本身具有较高的有序度,而巨原纤之间存在一定的无定形区,小分子的水分很容易进入这一区域,使原本结合力较弱的巨原纤间的作用力进一步减弱。纤维产生原纤化通常需要符合两个条件,首先是在一定的潮湿和/或有化学试剂存在的情况下(如印染、洗涤过程中),水分子或其他小分子进入纤维内部的无定形区域,宏观上可以观察到纤维的直径明显变粗。其次是外力的作用,如洗涤过程中的反复揉搓,最终使巨原纤被分离而跃出纤维表面,即所谓的"原纤化"。原纤化对纤维的加工不利,也会造成服饰的不良外观,因此,必须通过适当的方法,对 Lyocell 纤维进行抗原纤化处理。

减少 Lyocell 纤维的原纤化有多种方法,在纤维制造过程中,纺丝温度、冷却吹风温度、凝固浴条件及拉伸比都会对原纤化产生一定的影响。但 Lyocell 纤维聚合度高、取向和结晶度高的基本特征,仅改变纤维制造过程中的工艺条件还不足以完全解决原纤化的问题。通过具有两个和两个以上官能团的化合物与葡萄糖环上的羟基的化学反应,使纤维素表面的巨原纤间用化学交联的方法连接起来,它能有效防止纤维的原纤化。N,N-二羟甲基二羟基乙基脲、低聚马来酸酐等都可以作为交联剂,通过与纤维素羟基的反应在纤维素分子间形成化学键而增加其抗原纤化的能力,交联剂与纤维素的化学反应如图 2-14 和图 2-15 所示。

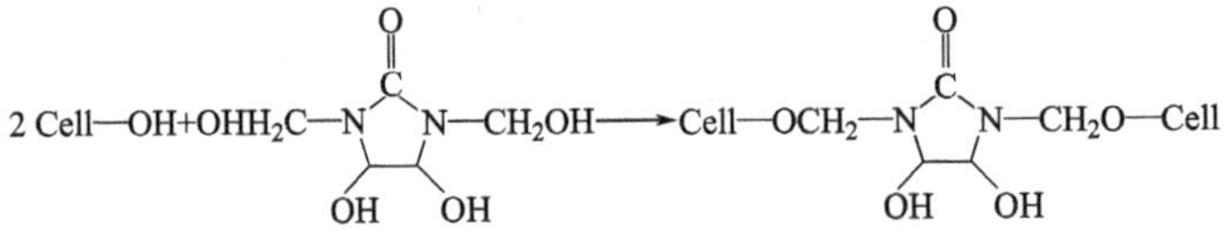

图 2-14　N,N-二羟甲基二羟基乙基脲与纤维素纤维的反应

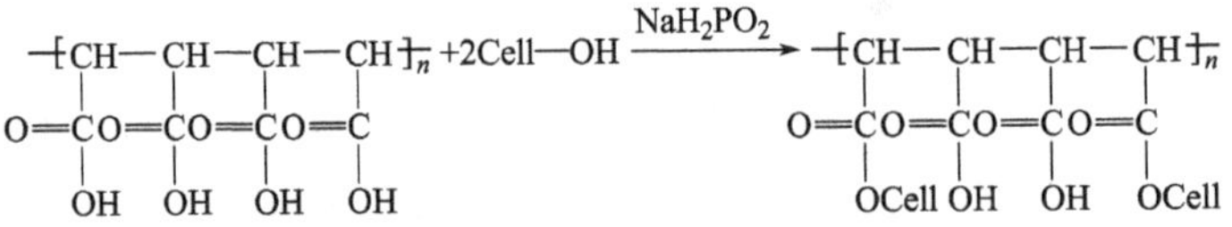

图 2-15　低聚马来酸酐与纤维素的反应

低聚马来酸酐和柠檬酸作为混合交联剂处理 Lyocell 纤维,可以有效提高抗原纤化的能力。

参考文献

[1]李之工.纤维素物理化学 [M].北京:中国财政经济出版社,1965.

[2]冯新德.纤维素科学 [M].北京:科学出版社,1996.

[3]许冬生.纤维素衍生物 [M].北京:化学工业出版社,2001.

[4]杨之礼.纤维素与黏胶纤维 [M].北京:纺织工业出版社,1981.

[5]张建春,朱华,等.Tencel 纤维原纤化产生机理的探讨[J]上海纺织科技,2003,31(1):4-8.

第3章 Lyocell 纤维用浆粕的生产方法及主要性能指标

再生纤维素通常以木材、棉短绒、竹子和秸秆等为原料,这些在自然界生长的材料具有很复杂的成分,且因为产地不同,品种差异,生长年限不一,而产生成分上的差异。植物纤维原料主要成分包括纤维素、半纤维素和木质素,此外,还含有少量的果胶、淀粉、丹宁、色素、树脂、脂肪、蜡质、灰分等。对于纤维生产者来说,用于生产再生纤维素的原料的纯度理论上越高越好,但鉴于除杂过程的复杂性及经济性,实际使用的原料或多或少会含有一些半纤维素和其他微量杂质,因此,制浆的过程是一个聚合度调节和除杂的过程。

3.1 植物纤维的主要成分及其化学结构

植物纤维主要由纤维素、半纤维素及木质素等组成,它们占总质量的80%~95%。纤维素是植物细胞壁的支撑物,而半纤维素和木质素在植物细胞中起到了填充和黏合的作用。各类植物含纤维素的量不同,其中棉花含纤维素的量最高。常见植物纤维的纤维素含量见表3-1。

表3-1 各类植物的纤维素含量

品种	棉	苎麻	木材	竹	麦草
纤维素含量/%	95~99	80~90	40~50	40~50	30~49

未经处理的针叶木、阔叶木及麦草类中纤维素、半纤维素和木质素的相对比例见表3-2。

表3-2 植物中主要成分的相对比例

化学组成	针叶木	阔叶木	麦草类
纤维素/%	45	45	42
半纤维素/%	26	34	40
木质素/%	29	21	18

未经处理的木材或麦草含有大量的半纤维素和木质素,这些成分对再生纤维制备

过程有较大的影响,因此,必须在浆粕制备过程中除掉。纤维素分子是由葡萄糖通过 β-1,4 糖苷键连接起来的链状高分子,纤维素的水解产物是 D-葡萄糖,它主要含有碳、氢、氧三种元素,其中碳含量为 44.44%,氢含量为 6.17%,氧含量为 49.39%,纤维素的化学分子式为 $(C_6H_{10}O_5)_n$。纤维素在 150℃ 以下时结构不会发生显著变化;但超过这个温度时,会由于脱水而逐渐焦化,温度越高,焦化越严重。纤维素不溶于水,也不溶于乙醇、乙醚等有机溶剂,但它能溶于铜氨 $Cu(NH_3)_4(OH)_2$ 溶液和铜乙二胺 $[NH_2CH_2CH_2NH_2]Cu(OH)_2$ 溶液等。水可使纤维素发生有限溶胀,某些酸、碱和盐的水溶液可渗入纤维结晶区,使纤维产生高度溶胀。纤维素与较浓的无机酸反应,其产物是葡萄糖;与较浓的苛性碱溶液作用生成碱纤维素;与强氧化剂作用生成氧化纤维素。

半纤维素是多种结构多糖的集合体,是由两种或两种以上糖基通过苷键连接起来的带有侧基或支链的高聚糖的总称。与纤维素相比,半纤维素有以下几个特点:半纤维素没有明确的结构,水解后可以得到多种结构的葡萄糖,而纤维素水解产物是单一的 β-D 葡萄糖;各葡萄糖基并不像纤维素都是通过 β-1,4 苷键相连接,它可以是 β 葡萄糖间的连接,也可以与 α 葡萄糖连接,除了 1,4 位相连接,还可以在其他位置上连接;带有支链或侧基;木材中所含半纤维素的聚合度低,且具有多分散性,针叶木半纤维素的平均聚合度为 100 左右,而阔叶木半纤维素的平均聚合度为 200 左右。

构成半纤维素的糖基主要有 D-木糖基、D-甘露糖基、D-葡萄糖基、D-半乳糖基、L-阿拉伯糖基、D-葡萄糖醛酸基和 D-半乳糖醛酸基等,还有少量的 L-鼠李糖、L-岩藻糖等,它们的化学结构如图 3-1 所示。

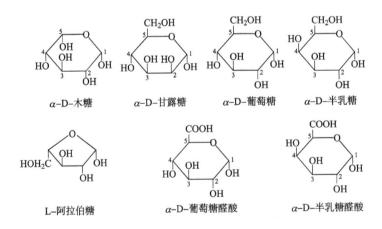

图 3-1　半纤维素水解的主要产物

　　按照主链的结构,半纤维素可分为三类,即聚木糖类、聚葡萄甘露糖类和聚半乳糖葡萄甘露糖类。聚木糖类是以 1,4-β-D-木糖构成主链,以 4-氧甲基-葡萄糖醛酸为支链的多糖;聚葡萄甘露糖类的主链由 D-葡萄糖基和甘露糖基两种糖基构成,以 1,4-β 形式连接;聚半乳糖葡萄甘露糖类则是由 D-葡萄糖基和 D-甘露糖基两种糖基,以 1,4-β 形式构成主链,支链是半乳糖基以 1,6 形式与主链糖基的碳 6 连接。

　　半纤维素与纤维素间无化学键合,相互间有氢键和范德瓦耳斯力存在。半纤维素与木质素之间可以苯甲基醚的形式连接在一起,形成木质素—碳水化合物的复合体。半纤维素的结构疏松、无定形,易于吸水润胀,易溶于稀碱液。作为纸浆用时,半纤维素是需部分保留的组分;而作为纤维用浆粕时,半纤维素的量必须加以控制。预水解硫酸盐法中的预水解工序主要是为了降低半纤维素含量,以提高可纺性。

　　木质素是由苯基丙烷单元通过醚键和碳—碳键连接而成,具有三维空间结构的芳香族天然高分子化合物。它由碳、氢和氧元素组成,具有甲氧基、羟基、羰基等官能团,并以愈创木基、紫丁香基和对羟基苯基等形式存在,化学结构如图 3-2 所示。

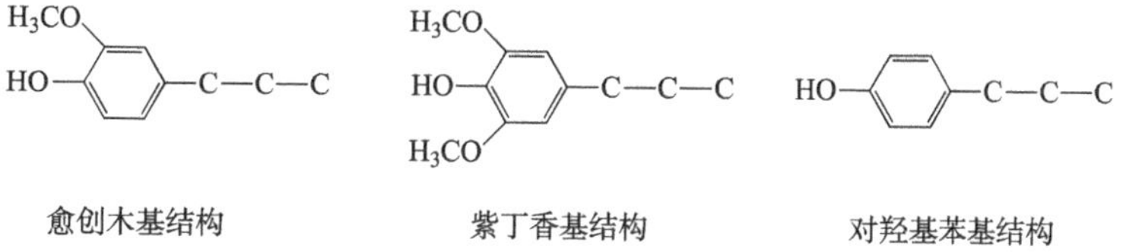

愈创木基结构　　　　　　紫丁香基结构　　　　　对羟基苯基结构

图 3-2　木质素的主要结构

　　木质素可分为三种类型,由紫丁香基丙烷结构单体聚合而成的称为紫丁香基木质素(syringyl lignin,S-木质素),由愈创木基丙烷结构单体聚合而成的称为愈创木基木质素(guaiacyl lignin,G-木质素)。由对羟基苯基丙烷结构单体聚合而成的称为对羟基苯基木质素(para-hydroxy-phenyl lignin,H-木质素)。针叶材木质素主要由愈创木基丙烷构成,阔叶材木质素主要由愈创木基丙烷单元和紫丁香基丙烷结构构成,草本植物木质素主要由愈创木基丙烷单元、紫丁香基丙烷单元及对羟基苯丙烷单元构成。

　　化学制浆中需要脱除的成分之一是木质素,浆中残余木质素的含量是衡量浆粕品质的一个重要指标。另外,因为浆粕的颜色主要来源于木质素,所以浆中残余木质素对成浆的白度、色相、强度指标有着重大影响。可漂针叶木浆残余木质素一般为 3%~5%,阔叶木浆一般为 1%~2.5%,草浆的残余木质素含量与阔叶木浆相近。木质素的结构单元随着品种来源的不同而存在差异,它的结构不稳定,且易被破坏。木质素越多,则制浆越困难,因木质素会使纤维互相粘在一起,只有去除了木质素,单根纤维才会被分离出来。

3.2　溶解浆的制备工艺

可以作为溶解浆的原料有木材、棉短绒、竹子及秸秆。竹浆是我国独有的品种,以竹浆粕生产的竹纤维已经在市场上流行多年,但因种种原因其产量仍不足 5 万吨/年。秸秆制浆尚未进入规模化生产,秸秆品质的多样性、很强的季节性以及收集、运输及仓储等问题都是大力发展秸秆制浆的障碍。2018 年世界棉浆产量约为 120 万吨/年,占总溶解浆的20%左右。因此,纤维用浆粕80%以上都是木浆。木浆根据其原料不同又可分为针叶木浆和阔叶木浆。针叶木浆由针叶木制备而成,针叶植物是指松柏类植物,如落叶松、马尾松、黑松、黄花松、红松、鱼鳞松、龙柏、真柏、地柏、侧柏等,我国溶解浆制备采用的原料主要为落叶松和马尾松。针叶植物的叶面都附有一层油脂层,所以都比较耐旱,通常为全年长青,结球果并具针状叶以适应干燥的气候。针叶木纤维较长,一般长度在 2.56~4.08mm,宽度在 40.9~54.9mm,其长宽比多在 70 倍以下。针叶木组织结构严密,杂细胞含量少,木质素含量在 25%~35%,且多戊糖含量低,在 9%~12%。化学浆料中的杂细胞多在洗涤时去除,故浆料质量好,但由于残存木质素含量较高,纤维不易吸水润涨,故打浆较困难。

阔叶木浆由阔叶木制成,阔叶木叶宽,生成速度快,典型的用于制浆的树种有桦木、杨木、椴木、桉木、枫木等,我国主要用桉木。阔叶木纤维短,一般长度在 1mm 左右,其长宽比多在 60 倍以下。阔叶木含有较多的杂细胞,但木质素含量较针叶木低,一般在 20%~24%,多戊糖含量高,在 21%~24%,故打浆容易。

目前用木材生产溶解浆的主要方法有两大类,即酸性亚硫酸盐法(简称亚硫酸盐法)和预水解硫酸盐法(简称硫酸盐法),后者根据盐基种类不同而分为钙、镁、钠和铵盐法等,例如,我国晨鸣集团亚松浆纸公司采用的是亚硫酸钙法。

亚硫酸盐法对原料的要求较严,需要以树脂含量较低的木材为原料,溶解浆的得率较高,与其相对应的是甲纤含量较低,通常在 90%~92%,但亚硫酸盐法生产成本和投资较低,浆粕溶解性好,过滤性能好。

由于预水解硫酸盐法的出现以及亚硫酸盐法废液处理和原料限制等问题,现在亚硫酸盐法使用相对较少。我国目前制浆能力大概在 130 万吨/年,其中亚硫酸盐法仅占 5%。

硫酸盐法对原料的适应性较广泛,可制得 α-纤维素含量高达 95%~96%的溶解浆,但漂白较困难,生产成本较高,投资较大。

竹子溶解浆的制备工艺沿袭了传统木材溶解浆的制备工艺技术,大都采用预水解硫酸盐法。棉短绒由于纤维素含量高、木质素含量低,常用烧碱法。棉短绒浆粕的溶解性不如木浆,过滤性也相对较差。

3.2.1　亚硫酸盐法

亚硫酸盐法制浆通常包括备料、蒸煮、精选、精漂、抄浆成形、脱水、烘干等工序。蒸煮液是含有过量亚硫酸的酸性亚硫酸盐(即亚硫酸钙、亚硫酸镁、亚硫酸钠及亚硫酸铵)。蒸煮是亚硫酸盐法制浆的核心,它是一种用含有游离 SO_2 的亚硫酸盐在高温下蒸煮的方法。蒸煮时,纤维原料主要发生下列变化:木质素在较低温度(60~70℃)下迅速发生黄化反应,生成固态的木质素黄酸,又称黄化木质素,它是一种线型高分子化合物,可溶于各种 pH 的水溶液。在制浆过程中,木质素黄酸通常以木质素黄酸盐的形式存在,可缓慢地溶入蒸煮液中;半纤维素局部水解成单糖或寡糖而溶出;在高温、高压和酸的作用下,纤维细胞的初生壁受到破坏,纤维素的反应性能提高;纤维素的聚合度下降,尤其是在大部分木质素被溶出之后,聚合度下降更为迅速,生产上往往就利用这段时间来调节浆粕的聚合度;最终纤维被分离出来。所含的树脂在蒸煮时较难除去,但在蒸煮后用温水洗涤即可除去大部分树脂。亚硫酸盐蒸煮通常采用立式的蒸煮锅分批进行,蒸煮过程分为两个阶段:首先将物料在 3~4h 内逐步加热到 105~115℃,并保温 2~3h;而后再升温至 140~145℃,蒸煮 8~12h。

亚硫酸盐法除了酸性体系,还有中性和碱性亚硫酸盐制浆的方法,不同的方法适用于不同的树种,从而扩大了对植物原料的适应范围。亚硫酸盐法制浆适用于结构紧密的纤维原料,如针叶木等。近年来由于工艺技术的发展,原料的适用范围不断扩大,阔叶木、秸秆,甚至甘蔗渣都可以用作溶解浆的原料。

3.2.2　预水解硫酸盐法

预水解硫酸盐法对原料树种的适应性强,适于生产高质量的浆粕,成浆 α-纤维素可达到 95%~98%,黑液碱回收效率高,环境污染小。当前改造和新建生产线以采用预水解硫酸盐法为主。

预水解硫酸盐法包括预水解和硫酸盐蒸煮两个环节。预水解工艺又可以进一步分为酸(H_2SO_4 、HCl、 SO_3 等)预水解、水(清水,形成酸,实质也是酸水解)预水解和汽(饱和过热蒸汽)预水解。蒸汽预水解的原理与水一样,但操作更简单,蒸汽耗用量少,所以在工厂中得到广泛使用。预水解工艺类似亚硫酸盐法的蒸煮过程,从这个角度来看,预水解硫酸盐法综合了硫酸盐法和亚硫酸盐法两种制浆方法的优点,使它对原料的适应性增加。预水解都是在酸性条件下进行的。在酸性条件下,半纤维素发生酸性水解而溶出,使原料中的半纤维素(尤其是多戊糖)含量大大下降。预水解能破坏纤维的初生壁,使初生壁在制浆过程中剥离下来,致使富含纤维素的纤维次生壁暴露出来,提高了与化学药剂的接触面,从而提高了溶解浆粕的反应能力。预水解还可以较灵活地控制溶解浆的聚合度。此外,预水解时由于半纤维素的水解,破坏或削弱了碳水化合物与木质素之间的连接,因此,也有部分木质素被除去。预水解后的原料继续进行硫酸盐蒸煮,其工艺与一般制浆用硫酸盐蒸煮相同。由于预水解是酸性反应,蒸煮时需要中和这一部分的酸性物质,蒸煮用碱量较一般硫酸盐法制浆要高一些。预水解硫酸盐法的优点是:适用原料范围广,可用木材和非木材原料,甚至是带树皮的木料;碱回收工艺已经有较成熟的设备和经验;溶解浆的白度高(92% 以上);α-纤维素含量高,而且聚合度分布均匀。缺点是:溶解浆的反应性能较亚硫酸盐法差;不宜用于生产醋酯纤维;溶解浆的得率低;受木材的单位消耗、化学药品消耗和废液回收成本等因素的影响,生产成本较高。

3.3　Lyocell 纤维用浆粕性能的检测方法及修订建议

　　Lyocell 纤维是化纤行业较新的一个纤维品种,它是在寻找黏胶纤维的替代溶剂过程中发展起来的,因此,Lyocell 纤维使用的浆粕与黏胶纤维使用的浆粕有诸多共同点,事实上,Lyocell 纤维在开发初期并没有专用的浆粕,通常都是直接选用黏胶纤维的浆粕。从原理上讲,所有用于黏胶纤维的浆粕都可以用来生产 Lyocell 纤维,但随着研究的深入,尤其是实施产业化后,针对 Lyocell 纤维制备过程中的特殊工艺需求,考虑到体系的安全性、可操作性及生产的稳定性,逐渐对 Lyocell 纤维用浆粕提出了一些新的要求,形成了现有的 Lyocell 纤维用浆粕的性能指标,其中大多数都沿用了黏胶纤维的性能指标和检测方法。我国目前使用的浆粕都依靠进口,也还没有制定 Lyocell 纤维专用浆粕检测方法的相关国家标准。由于 Lyocell 纤维和黏胶纤维生产工艺完全不同,因此,这两种纤维品种对浆粕的要求完全不同,目前所使用的性能指标还不能全面地反映其真实的使用要求。随着 Lyocell 纤维生产量的不断增加及使用过程中经验的不断积累,Lyocell 纤维专用浆粕的性能指标及检测方法亟待更新完善。Lyocell 纤维用浆粕与黏胶纤维用浆粕检测项目及检测方法见表 3-3。

表 3-3　Lyocell 纤维和黏胶纤维用浆粕主要检测项目及检测方法

Lyocell 纤维	黏胶纤维	检测标准	备注
特性黏度	特性黏度	FZ/T 50010.3—2011	
落球黏度	动力黏度	FZ/T 50010.3—2011	1
R_{18}/R_{10}	α-纤维素	FZ/T 50010.4—2011	2
灰分	灰分	FZ/T 50010.5—1998	
含铁量	含铁量	FZ/T 50010.6—1998	
ISO 亮度	白度	FZ/T 50010.7—1998	3
尘埃度	尘埃度	FZ/T 50010.8—1998	

Lyocell 纤维	黏胶纤维	检测标准	备注
密度	定量	FZ/T 50010.10—1998	4
湿度	交货水分	FZ/T 50010.2—1998	5
—	吸碱值	FZ/T 50010.9—1998	仅用于黏胶纤维
	树脂	FZ/T 50010.11—1998	仅用于黏胶纤维
—	多戊糖	FZ/T 50010.12—1998	仅用于黏胶纤维
—	反应性能	FZ/T 50010.13—2011	仅用于黏胶纤维
钙、镁离子	—	—	Lyocell 纤维

注　目前 Lyocell 纤维浆粕均从国外进口,所提供的指标均按国外标准检测。因此,有些项目名称与我国标准
中的名称不同。
1 表示仅仅是名称不同,实质都是落球黏度。
2 表示国内外采用了不同的检测方法,但其检测原理完全相同,均表示在一定浓度的氢氧化钠溶液中不
溶解的纤维素的含量。国外采用的是 18% 的氢氧化钠浓度,国标中采用的是 17.5% 的氢氧化钠浓度。
因此,在具体数值上会有微小的差别。
3 表示仅仅是名称不同,国标等效于 ISO 3688。
4 和 5 表示仅仅是名称不同,检测内容和方法均相同。

众所周知,黏胶纤维已经有一百多年的生产历史,用于黏胶纤维的浆粕在多年实践的基础上制定出一整套相关的质量标准和测定方法。这些指标对生产过程的控制及保证产品质量有着重要的意义。Lyocell 纤维的发展历史较短,至今全世界总产量也不过 35 万吨/年。Lyocell 纤维用浆粕的检测项目和检测方法仍在探索中,有些项目存在明显的不足之处,笔者认为就目前的检测项目可以对其进行分类处理。一类是 Lyocell 纤维浆粕可以完全借用的指标,如湿度、亮度、尘埃度、灰分及黏度等纤维素纤维本身的特征指标;第二类是仍然可以使用,但检测方法必须修改,例如,R_{18}、S_{18}、R_{10}、S_{10} 及 α-纤维素含量等,由于工艺不同,关注点不同,Lyocell 纤维用浆粕的这些检测项目及指标应该与其工艺过程相联系;第三类是上述项目中还没有包括,但实际使用中已经特别关注的项目,如铜离子的检测等;第四类则是目前仅在黏胶纤维检测的项目,尽管 Lyocell 纤维不需要检测这些项目,但其方法仍然值得借鉴,例如,黏胶纤维吸碱值的检测方法可用来检测 Lyocell 纤维用浆粕的浸渍性。

目前黏胶浆粕检测标准有 13 项,其中浆粕取样方法、水分测定、黏度测定、灰分测定、铁含量测定、白度测定、尘埃度测定等方法都可以直接用于 Lyocell 纤维。以下将重点陈述纤维素含量、浸渍性、金属离子含量和有机物含量等检测方法的修改和制定的必要性及意义。

3.3.1　纤维素含量检测方法的修订建议

3.3.1.1　α-纤维素含量检测方法制定的原由

纤维素是一种天然产物,具有多分散及组分复杂的特点,浆粕制备的过程实际上

是一个分离和提纯的过程,考虑到制造成本和纤维制备工艺的需求,浆粕中仍会不可避免地残留少量纤维生产中不需要的杂质,如半纤维素、树脂及低聚合度纤维素等成分,其中低聚合度纤维素对生产过程影响较大。为了控制浆粕中低聚合度纤维素的比例,便有了 R_{18}、R_{10} 和 α-纤维素含量等指标。R_{18}、R_{10} 为国外采用的指标,我国则用 α-纤维素含量指标。这两个指标尽管测试方法有所不同,但其原理和目的完全相同,它是检测浆粕在 18% 左右的氢氧化钠溶液中纤维素不溶解部分的比例。而 18% 的氢氧化钠恰恰是碱纤维素制备中使用的氢氧化钠浓度(碱纤维素制备是黏胶纤维生产中的一个重要环节)。可见这项指标完全是针对黏胶纤维生产工艺需求而制定的。现今 Lyocell 纤维仍然沿用了黏胶纤维的纤维素含量测定方法,但 Lyocell 纤维生产过程是一个纯物理过程,工艺过程无任何化学反应,也不使用 18% 的氢氧化钠,因此,将它作为 Lyocell 用浆粕的指标显然不合理。

3.3.1.2 纤维素含量与黏胶纤维制备工艺的关系

为了更好地了解纤维素含量指标与黏胶纤维制备工艺的关系,需更深入地了解其测试方法。纤维素在氢氧化钠溶液中的溶解有如下规律:在一定温度条件下,纤维素的溶解量与纤维素的聚合度相关,聚合度越低,越容易溶解。当温度和氢氧化钠浓度都确定后,就只有低于某一聚合度的纤维素能够溶解。结合黏胶纤维的生产工艺,人们将纤维素人为地划分为 α-纤维素、β-纤维素和 γ-纤维素,通过测定浆粕中三种纤维素的含量,可以较好地判断其反应性和过滤性。测定和分类的方法如下:①α-纤维素(也称甲种纤维素),指在 20℃ 下,不溶于 17.5% 氢氧化钠溶液的纤维素;②β-纤维素,指将萃取碱液用酸中和后所沉淀出的部分;③γ-纤维素,指残留在中和溶液中未沉淀出的部分。Staudinger 等曾用黏度法测定这三种纤维系的聚合度,α-纤维素的聚合度大于 200,β-纤维素的聚合度为 10~200,而 γ-纤维素的聚合度小于 10。工业上常用 α-纤维素的含量表示纤维素的纯度。习惯上将 β-纤维素与 γ-纤维素之和称为工业半纤维素。欧美等地在人造纤维木浆粕生产中采用 S 值(碱溶解度)和 R 值(抗碱度)作为浆粕的质量指标。通常测定 S_{10}、S_{18} 和 R_{10}、R_{18},它们分别表示浆粕在氢氧化钠浓度为 100g/L(10% 浓度)和 180g/L(18%)的碱中的溶解度和抗碱性。

具体的测定方法如下:在 20℃ 下,将浆粕在指定浓度的氢氧化钠溶液中浸泡 60min,可溶解的部分经重铬酸钾氧化,用滴定法测定剩余重铬酸钾的量,从而计算出纤维素的含量,以对绝干样品的质量分数表示。该值称为浆粕的碱溶解度(S 值)。而不溶解的部分采用重量法,先用与处理浆粕相同浓度的氢氧化钠溶液在相同的温度下进行洗涤,而后酸化、洗涤、烘干并称重,以不溶样品对绝干样品的质量分数表示,该值称为浆粕的抗碱度(R 值)。对于含灰分和其他非碳水化合物杂质少的浆粕,S 和 R 存在下列关系式:

$$R_{10} = 100 - S_{10}$$

$$R_{18} = 100 - S_{18}$$

不难看出 S_{18} 与检测 α-纤维素的原理相同,同样表示在 18% 左右的氢氧化钠溶液中不溶解部分的纤维含量。而 S_{10} 则更接近于 γ-纤维素含量。

把聚合度不同的纤维素人为地分为 α-纤维素、β-纤维素和 γ-纤维素,与黏胶纤维的制备工艺有着密切的关联。检测中使用的氢氧化钠浓度为 18%,这是碱纤维素制备中使用的氢氧化钠浓度。因此,可以理解为:α-纤维素在碱纤维素制备中不会溶解,它是黏胶纤维的主体。β-纤维素能够在 18% 的氢氧化钠中溶解,但又可以在酸性介质中沉析出来,这意味着如果纺丝液中含有 β-纤维素,它仍然有可能在酸浴中析出而成为纤维的一部分,唯有 γ-纤维素会在压榨过程中随着浸渍液被作为废液排出。因此,直接导致浆粕得率减少。

另一个重要的原因在于 γ-纤维素和 β-纤维素对浆粕黄化反应的影响。浸渍过程中 γ-纤维素、β-纤维素及半纤维素都会被溶解,但这一溶解过程不会完全进行到底,因为当碱液中半纤维素的含量达到一定浓度后,它会与纤维素中所含的半纤维素达到平衡,进而不再溶出。这就意味着浸渍后的碱纤维素在压榨过程中可以去掉大部分低聚合度的纤维素和半纤维素,但仍然残留部分低聚合度的纤维素等低分子物。浆粕中低聚合度成分含量越高,残存在纺丝液中的低聚合度的纤维素就越多。它们分子量小、结构疏松,对二硫化碳具有较高的反应活性,将与纤维素竞争消耗二硫化碳,结果不仅增加二硫化碳的消耗量,还会导致黄化反应不完善而影响纤维素的溶解,最终影响黏胶纤维的质量。

对纤维生产者来说,浆粕中能够制成纤维的成分越多越好,即采用尽可能高的 α-纤维素含量的浆粕,但对于浆粕生产厂而言,要求过高的 α-纤维素含量,就会大大增加生产成本。现实生产中,都是通过对浆粕中 β-纤维素和 γ-纤维素含量的检测评估,并将其控制在不影响生产过程的范围内,进而可以兼顾产品质量和生产成本。可见这一检测标准精准地对应了黏胶生产的工艺过程,因此,获知纤维素中 α-纤维素、β-纤维素和 γ-纤维素的含量对黏胶纤维生产工艺的制订有重要的指导意义。

3.3.1.3　Lyocell 纤维的生产工艺及纤维素含量检测方法的修订建议

从 3.3.1.2 中可以看出,α-纤维素含量检测完全是针对黏胶纤维生产工艺制订的。黏胶纤维生产中对浆粕的分类是基于它在氢氧化钠溶液中的溶解行为,同时考虑不同聚合度的纤维素分子对体系中化学反应的影响。α-纤维素含量是浆粕纯度的一个重要指标,对 Lyocell 纤维同样重要。但它所提供的信息对 Lyocell 纤维生产工艺制订的参考价值非常有限。因为 Lyocell 纤维生产中没有化学反应;另外,低聚合度的纤维素在氢氧化钠溶液中的溶解行为与在 NMMO 水溶液中溶解行为完全不同。

Lyocell 纤维生产工艺可以简述为:首先,将较低浓度的 NMMO 水溶液与纤维素浆粕通过机械力的作用进行充分混合,在温度和机械力的作用下使纤维素浆粕溶胀;然后,通过脱水,逐渐提高 NMMO 的浓度,纤维素在溶剂中的溶解性会随着 NMMO 浓度的不断提高而增加;最终,纤维素全部溶解制成纺丝溶液。纤维素在 NMMO 水溶液中溶解效果主要有三个影响因素。一是 NMMO 水溶液的浓度,NMMO 水溶液的浓度越高,溶解纤维素的能力越强;二是纤维素自身的聚合度,纤维素的聚合度越低,溶解纤维素所需的 NMMO 水溶液的浓度越低;三是溶解温度,高温有利于纤维素的溶解。纤维素/NMMO·H_2O 纺丝溶液的形成实际上经历了一个复杂的过程,即低聚合度的纤维素首先溶解,而后,随着 NMMO 浓度的不断提高,聚合度更高的纤维素被溶解,在 90~100℃下,直至 NMMO 的浓度达到87%时,所有的纤维素都被迅速溶解。

在 Lyocell 纤维生产体系中,低聚合度纤维素及半纤维素的存在主要影响其浸渍过程,理想的工艺设计为:低浓度的 NMMO 能够将浆粕浸渍透,这一过程中,不希望产生纤维素的溶解,而后,通过蒸发水分,不断提高 NMMO 溶液的浓度,随着 NMMO 水溶液溶解能力的不断提高,使越来越多的纤维素被溶解。低聚合度的纤维素和半纤维素含量过量时,可能导致两个方面的问题:一方面,低聚合度纤维素会在浸渍阶段就溶解,溶解会导致 NMMO 溶液的黏度增加,进而影响其流动性和渗透性,还会堵塞纤维素内部的毛细管通道,造成浸渍不充分,浸渍不充分的浆粕易形成凝聚粒子而影响纺丝溶液的可纺性;另一方面,低聚合度的纤维素甚至可能在 20% NMMO 浓度的凝固浴中溶解,这部分纤维素将会脱离纤维而溶入凝固浴,它不仅使产品的得率降低,而且会增加溶剂回收的负荷。因此,Lyocell 纤维工艺制订中所关注的是浆粕在浸渍过程中究竟有多少低聚合度的纤维素已经被溶解,以及有多少纤维素或木质素会残留在凝固浴溶液中。由此可见,将国外 S_{18}(18%氢氧化钠中的溶解度)的检测标准作为 Lyocell 的质量指标显然不能合理地反映其生产中所关注的问题。

为此,现行的检测方法和指标应进行相应的修订。首先,检测的溶剂体系必须改变,应该考察浆粕在 NMMO/H_2O 溶剂中的溶解行为,而不是以 18%氢氧化钠为溶剂。由于生产过程中关注的是两个不同的工艺过程,即溶胀阶段和凝固阶段,因此,所定的指标应该适应于上述两个不同的工艺阶段。在溶胀阶段,把在一定温度、时间和溶液浓度的条件下,纤维素的溶解量作为一个指标,例如,以 75%左右的 NMMO 水溶液和 80℃左右的温度作为实验条件,检测浆粕在这一条件下溶解的百分率。从工艺要求上看,这一阶段不希望有过多的纤维素处于溶解状态,以保证溶胀更为充分。其次,要考虑浆粕在 20% NMMO 溶液中,常温下可溶解部分的百分比,这一值越小越好。这两种条件下得到的结果可能会有一定的相关性,尤其是对于分子量分布较窄的浆粕。但对于未知样品来说,要同时考察上述两个工艺阶段的适用性,拟采用两个不同的实验条件。例如,用 Sn75(S 代表溶解度;n 代表 NMMO;75 代表 NMMO 的浓度)代表浆粕在 75% NMMO 浓度和 80℃条件下,被溶解部分的质量占浆粕总质量的百分数,以及用

Sn20 代表在 20% NMMO 浓度和常温条件下,可溶性组分占总质量的百分数。此外,由于不存在化学反应,因此,对其化学结构的要求可以相对宽松些,可以将低聚合度的纤维素、半纤维素和树脂等作为有机物总量一并考虑。

3.3.2　浆粕浸渍性与溶解性的检测方法及修订建议

Lyocell 纤维生产过程中,浸渍是一个非常重要的工序,因为只有浸渍均匀、透彻的浆粕才有可能获得质量优异的纺丝溶液。Lyocell 纤维可以使用多种浆粕,例如,可使用针叶木浆、阔叶木浆和竹浆粕等。这些浆粕又可以采用不同的制浆工艺,例如,硫酸盐法和亚硫酸盐法生产的浆粕都可以用作 Lyocell 纤维的原料。不同原料和不同工艺生产的浆粕在浸渍过程中会呈现出完全不同的浸渍特性。生产实践证明,有的浆粕具有良好的浸渍性能,对浸渍工艺不敏感,有较宽的操作空间;但有的浆粕需要较苛刻的浸渍条件才有可能获得理想的纺丝溶液。目前,对 Lyocell 纤维用浆粕尚没有检测浸渍性能的方法和标准。浸渍工艺的制订只能通过实际生产过程中大量的摸索,逐步调整,这就不可避免地造成经济上的损失。因此,非常有必要在浆粕投入使用前对其浸渍性能有一个准确、科学的评判,同时,也可以为浆粕生产厂的工艺改进提供可靠的依据。黏胶纤维的吸碱值除了有碱与纤维素的化学反应外,还很好地反映了碱液对浆粕的浸渍性能。而黏胶纤维浆粕反应性的检测,是对浆粕综合性能的一种评判方法,它不仅关系到其中的化学反应,而且与浆粕的物理形态有密切关系。因此,Lyocell 纤维用浆粕可以借鉴这些检测方法。当然,因为采用的溶剂体系不同,这些方法需要进行适当的修正。

纺织行业标准 FZ/T 50010.9—1998《黏胶纤维用浆粕　吸碱值和膨润度的测定》是检测浆粕浸润性能的一种方法。该方法是在实验室的大气条件下(温度 20℃±1℃、湿度 65%±3%),将试样浸泡在 17.5%的氢氧化钠溶液中 5min,待多余碱液除尽后,测量其质量与高度,通过相应的计算公式获得吸碱值和膨润度,以百分数表示。

纤维素与氢氧化钠的反应很容易进行,当氢氧化钠分子与纤维素分子的羟基靠得足够近时,便能够迅速地生成碱纤维素。碱纤维素的生成破坏了纤维素分子间的氢键,使纤维素分子间的作用力减弱,分子间距离增大。此后,氢氧化钠不断地对结晶部分进行剥蚀,使无定形区域不断扩大,宏观的结果是整个浆粕膨大。碱纤维素生成得越多,浆粕膨胀得越大。吸碱值检测是在一定时间内进行,测定的是浆粕吸收氢氧化钠溶液产生膨大的百分数,因此,它是表征浆粕吸碱速度快慢的一个指标。碱纤维素生成的必要条件是氢氧化钠必须到达反应点。浸渍性能实际上反映了氢氧化钠达到反应点的难易程度。浆粕的浸渍性能与浆粕毛细间隙的形状、纤维细胞内外表面的性质及制浆工艺有关。黏胶纤维生产实践表明,过快的吸碱速度有可能造成浆粕毛细管的阻塞,影响其反应性能;而过低的吸碱速度表示浆粕的毛细管间隙不利于反应物的进入,使碱纤维素生成的均匀性变差,进而有可能造成黄酸酯生成的不均匀,最终导致溶解性能变差。

纺织行业标准 FZ/T 50010.13—2011 是一种浆粕反应性能的测定方法。该方法首先将浆粕溶解于氢氧化钠和二硫化碳混合液中制成黏胶液,然后,将黏胶液通过一定网目的滤网,检测过滤一定量纺丝液所需时间来间接表征浆粕与二硫化碳的反应性能。反应性能以过滤阻滞的秒数表示,秒数越少,反应性越好。溶解浆的反应性能是浆粕质量的一个非常重要的综合指标。反应性能好,表现为消耗少量的氢氧化钠和二硫化碳,便能制得溶解性能、过滤性能及可纺性都好的浆粕。浆粕的反应性能的测定实际上是模拟了黏胶的生产过程,因此,对生产工艺的制订有很好的指导意义。

纤维素纤维由晶区和非晶区构成,大分子链可以几经折叠形成缨状的结晶部分,同时还可以由微胞的边缘进入非晶区,纤维素的最基本单元是基元原纤,其集合体即是原纤维。从 Lyocell 纤维易原纤化的现象可以推断原纤维之间作用力较小,为小分子的进入提供了空间。因此,NMMO 水溶液可以通过浸渍过程进入浆粕的内部而使浆粕产生膨大。Lyocell 纤维生产中浸润的过程与黏胶纤维吸碱过程十分相似,在黏胶纤维中破坏分子间氢键的是氢氧化钠,在 Lyocell 纤维制备中,则是依靠 NMMO 水溶液与纤维素分子中的羟基形成氢键而消除纤维素分子间的氢键。NMMO 与纤维素羟基形成氢键的前提是 NMMO 分子必须抵达纤维素内部,NMMO 水溶液一旦进入纤维素内部,浆粕就会发生不同程度的膨胀,其宏观效果与浆粕在碱溶液中发生的情况十分类似。因此,可以借鉴黏胶纤维的吸碱值和膨润度的检测方法来评估浆粕的浸渍性能。在固定的 NMMO 浓度和温度条件下,在一定的时间范围内,浸渍后的浆粕经处理,测量其膨大的体积与吸收的溶剂量。该法有望对浆粕浸渍性能作出较好的判断,为生产工艺的制订提供参考。当然,检测中必须用 NMMO 水溶液作为浸渍液,其浓度需要通过实验确定。

Lyocell 纤维目前有两种工艺路线,一种是采用浸压粉的湿法工艺,由于采用了过量活化溶剂进行预处理,可以在很大程度上避免浆粕不易浸润的问题。目前较为先进的是干法工艺,该法是将干浆粕直接与 NMMO 溶剂混合,它没有过量的溶剂,其浸润性对溶剂的分散尤为重要,因此,Lyocell 纤维浆粕膨润度的测定方法拟参照干法工艺,根据干法预溶解工艺中采用的温度与 NMMO 的浓度来确定其检测条件。

也可以借鉴黏胶纤维用浆粕的反应性检测方法,这有望对浆粕综合性能进行评估,拟设定一个合理的纺丝溶液的制备工艺,而后检测该溶液在单位时间内通过一定目数过滤网的物料量。为了避免因为浸渍不匀造成的溶解不好的问题,拟采用低纤维素浓度的稀溶液,这部分工作也有待于进一步深入研究。

浆粕指标中通常只提供浆粕的黏度、聚合度,很少提供聚合度分布的指标,因为纤维素不能溶解在许多常见的溶剂中,检测浆粕的聚合度分布较为困难,而浆粕中纤维素聚合度分布指数对纺丝液的动态黏度有非常大的影响,同样平均聚合度的浆粕,因为其聚合度分布的不同而使其黏度产生很大的差别。因此,直接检测在一定浓度下纺丝液的过滤性有望提供聚合度分布的诸多信息。

3.3.3　铜、铝等金属含量的检测方法及修订建议

树木在生长过程中会从土壤中吸收某些金属元素,因此,浆粕自身会含有少量金属离子。此外,在生产过程中大量使用的水中存在钙、镁、铁等多种离子,设备的机械磨损及外加的各类化学试剂等都有可能产生各种杂质,这些杂质中不可避免地会残存在浆粕中,尽管量不大,但一旦超过某一限定值就会带来严重的后果。

灰分是浆粕指标之一,浆粕试样中的有机物经灼烧,生成的二氧化碳和水等物质挥发后,形成灰分。灰分指标是残渣的质量与原试样的绝干质量之比值。因此,灰分实际上包含了金属成分等各种不可燃烧的物质。尘埃度则是用反射光或透射光观察到的浆粕中颜色异常部分的任何杂质,用每千克浆粕所含的尘埃总面积或各类尘埃的个数来表示,它实际上是可视的有机和无机杂质的总和。

灰分和尘埃度指标在黏胶纤维用浆粕和 Lyocell 纤维用浆粕中都采用,超过一定粒径的尘埃,无论是否具有化学活性,都会对纺丝产生严重的影响,因为它直接导致堵塞喷丝孔。因此,无论是用于制造黏胶纤维还是生产 Lyocell 纤维都必须控制其含量。而无机杂质的化学成分的影响在不同的体系中就有不同的考虑。金属离子及衍生物对黏胶纤维的影响主要是黄化反应及其金属离子衍生物所产生的凝聚粒子。例如,二氧化硅会影响老成时间和过滤;金属离子的存在会使黏胶纤维的黏度增高,并能与酸生成 $CaSO_4$、$MgSO_4$ 等不溶性盐,从而降低酸浴的透明度或堵塞喷丝头等。

Lyocell 纤维除了需要检测直接导致堵喷丝板的机械杂质外,更关注体系的安全性。因为作为溶剂的 NMMO 本身是一种氧化剂,它在金属离子存在时会发生一系列的副反应,甚至有可能发生爆炸。

NMMO 分子中含有氮氧键,氮氧键可以认为是电子富裕体,它较易发生断裂而放出大量的能量(222kJ/mol)。NMMO 的分解反应,无论是由热诱导还是过渡金属的催化或还原剂作用,端部的氧被活化后就可能造成氮氧键的断裂。当 NMMO 作为氧化剂时,所有过渡金属的催化氧化都会引发这种活化现象。通过活化过程,在氧的位置电子云密度减低,氮氧键键能降低,为氮氧键的断裂作了准备。氮氧键的断裂有三种方式:氮氧键的直接断裂、从外部转移一个电子而造成氮氧键的均裂和从外部转移两个电子而产生的氮氧键的异裂。实验证明,NMMO 的所有反应都是基于

后两种途径,即均裂和异裂过程。两种反应的产物不同,因此,其后的反应也不同,均裂反应会引发自由基反应,而异裂产生的是高能离子。甲基吗啉的自由基是一个强力缺电子的自由基,因此,它很容易与纤维素中富电子的部分发生反应,这一反应的结果会导致纤维素的降解。

对 Lyocell 纤维溶液的研究大多数都集中在系统中金属离子的影响,特别是容易变价的金属离子。过渡金属离子参与反应的过程主要是自由基性质的。由于铁和铜是常用的结构材料,因此,对铁、铜离子的研究尤为广泛。溶液中微量铁、铜离子可以大幅度降低放热反应的起始温度。当 NMMO 溶液中有 300mg/L 的铜离子存在时,在 150℃下加热 2h,便能够使 NMMO 完全分解。分解产物吗啉和甲醛会再生成亚甲基吗啉阳离子,而这一离子是分解 NMMO 的催化剂。这一自催化反应可能导致爆炸。其化学反应过程如图 3-3 所示。

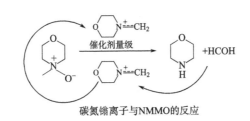

图 3-3　碳氮鎓离子与纤维素的反应

鎓碳亚胺离子能与纤维素产生分子反应,导致纤维素产生分解、环化等一系列反应,直接结果就是降解和生色。它的影响不是局部的,而是整体的连锁反应,因此,具有极大的危害性。

许虎[2]等用流变法研究了铜对 Lyocell 纤维纺丝原液热稳定性的影响。表 3-4 是两种不同金属铜添加量的条件下,温度与纤维素开始分解的时间的关系。

表 3-4　纺丝原液在不同温度、不同质量分数铜粉下开始分解的时间　　　单位:mm

铜粉质量分数/%	时间/min		
	120℃	135℃	150℃
0	—	—	35.0
0.01	267.0	40.8	21.7
0.02	183.0	22.9	13.6

由表 3-4 可知,金属铜的加入明显加速了纤维素分解的时间,无铜粉的样品,在 135℃ 以下的温度条件下,在实验时间内几乎观察不到分解的迹象。随着铜粉的加入,纤维素开始分解的时间越来越早。铜粉的量越大,温度越高,出现分解的时间越早。在 120℃ 下,加入 0.01%(质量分数)的铜粉,267min 后出现纤维素的分解,当铜粉的添加量增加到 0.02%(质量分数)时,183min 就出现分解。在铜粉存在下,温度提高使分解加剧,150℃ 和 0.02% 铜粉含量时,仅 13.6min 就出现了纤维素的分解。可见,铜的存在对体系的安全有重大隐患。

NMMO 还具有受热发生分解的特点。在高温下,尤其是当体系中存在具有催化作用的物质时,NNMO 分解速度加快,温度越高,分解反应越剧烈。分解反应的过程如下:

$$NMMO \longrightarrow NMM+[O^-]$$

$$NMMO+[O^-] \longrightarrow M+HCHO$$

$$NMMO+HCHO \longrightarrow M+HCOOH$$

$$NMMO+HCOOH \longrightarrow OHC_2H_4—N—CH_3+CO_2$$

过渡金属离子对上述反应起催化作用。主要机理是过渡金属离子可以和甲醛、甲酸等发生氧化还原反应,反应过程如图 3-4 所示。

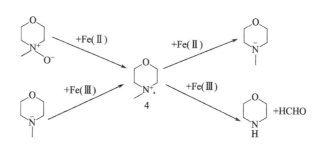

图 3-4　铁离子催化 NMMO 和 NMM 反应

Lyocell 纤维加工中出现的副反应有诸多负面影响,副反应会导致 NMMO 分解,进而使 NMMO 的回收率降低,更严重的是,初级分解产物还会诱导进一步的分解反应。它会导致生色基团的产生,且随着时间的延长而逐步加深,以致影响到纤维的颜色。

生色基团的产生伴随着浆粕的降解,它直接影响纤维的物理性能。副反应增加了稳定剂的消耗,稳定剂的反应产物对体系也是一个潜在的危险产物。严重时会导致 Lyocell 体系中放热爆炸等。上述分析表明,NMMO 本身的性质决定了在微量金属离子存在下会导致一系列的副反应。它不仅会使 NMMO 消耗增加,产品质量变差,更重要的是,它会给生产体系带来安全隐患。浆粕中金属离子的含量应该作为一个重要的性能指标,尤其是设备制造中常用一些金属材料。同时,除了铁含量外,拟增加铜和铝含量的检测。

3.3.4　纤维素中有机物杂质含量的检测方法及修订建议

多戊糖和树脂是黏胶纤维用浆粕的两个检测指标。之所以单独检测这两个指标,一方面是黏胶纤维浆粕杂质中这两个成分含量最高,另一方面是它对黏胶纤维制备工艺有较大的影响。多戊糖结构疏松,容易在水溶液中溶解而使溶液的黏度增加,进而对黏胶纤维的制备工艺产生影响。树脂主要包括四种成分:树脂酸、脂肪酸、不皂化物和酯。其中,树脂酸和脂肪酸对黏胶生产有不利的影响,喷丝头沉积物中可以发现较高比例的这类物质;不皂化物和酯则会造成黏胶过滤困难。例如,当树脂含量为 1.4% 时,过滤时间为 1.45~3.4h;而当树脂含量为 0.12% 时,过滤时间缩短到了 0.5~1h。由此可见,多戊糖和树脂对黏胶纤维工艺的影响仍然是对其碱纤维素制备及黄酸酯制备中化学反应的影响,最终表现在过滤性能上。

对 Lyocell 纤维而言,多戊糖与树脂的存在对生产工艺的影响目前研究甚少,但可以预判的是,因为不存在化学反应,这两种物质的存在仅会对其溶胀和溶解的物理过程产生影响。多戊糖和树脂在碱性介质中容易溶解的特点也预示着,它有可能在较低浓度的 NMMO/H_2O 溶液中溶解。这就有可能导致溶液黏度升高而影响 NMMO 水溶液在纤维内部的渗透。由于仅需要考虑其在 NMMO 中的溶解性能,因此,应制定在一定条件下可溶有机物的标准。可以将半纤维素、低聚纤维素和其他可溶有机物合并测试,并通过实验确定其合理的含量范围。

3.3.5　Lyocell 纤维质量的检测方法及修订建议

目前用于 Lyocell 纤维用浆粕的性能指标见表 3-5。

表 3-5　Lyocell 纤维用浆粕的性能指标

序号	检测项目	测试数值
1	特性黏度/($mL \cdot g^{-1}$)	450~510
2	ISO 白度/%	≥93

续表

序号	检测项目	测试数值
3	$R_{18}/\%$	≥95
4	$R_{10}/\%$	≥90
5	α-纤维素/%	≥92
6	灰分/%	≤0.1
7	铁含量/$(mg \cdot L^{-1})$	≤5
8	钙含量/$(mg \cdot L^{-1})$	≤30
9	镁含量/$(mg \cdot L^{-1})$	≤10
10	树脂含量/%	0.03
10	尘埃数/$(mm^2 \cdot m^{-2})$	≤4
11	湿度/%	6~9

从以上论述分析可见,目前 Lyocell 纤维用浆粕的指标及检测方法大都沿用了黏胶浆粕的方法。有些方法和指标明显不适用于 Lyocell 纤维这个特殊的体系,因此,必须对检测方法标准和浆粕指标进行修订。具体建议如下。

黏度、白度、灰分、尘埃数、定量和湿度等检测方法可以保留,具体的指标值需作适当的调整。

R_{18}、R_{10} 及 α-纤维素等检测项目的测试方法和指标需同时加以修正,测试方法中要用 NMMO 溶液替代氢氧化钠溶液。使新指标体系与 Lyocell 纤维的制备工艺直接相关联以保证尽可能少的低聚合度组分溶解在凝固浴中,同时,保证溶胀过程能够顺利进行。

金属离子含量指标中,除了铁离子,对体系反应最强烈的铜应该作为首控指标,同时增加总金属离子含量的检测项目,并对检测指标值进行相应的修订。

为了更好地了解浆粕的浸渍性能,拟建立类似浆粕吸碱值的检测标准。同样要使用 NMMO 为溶剂,替代氢氧化钠。NMMO 的浓度及温度条件可以参照目前常用的生产工艺。通过研究标准条件下和实际生产工艺的关联性,制定相应的检测标准。初步试验已经证明,在常温下各种来源的浆粕吸收溶剂的能力有显著的差别,它能够从侧面反映浆粕的可浸润性能。

需要对树脂和半纤维素对溶胀过程的影响进行一些基础研究,一方面是通过实验确定树脂和半纤维素在 NMMO 溶液中的溶解性能(各种温度及不同 $NMMO/H_2O$ 浓度条件下),尤其是在凝固浴中的溶解度,如果这部分有机物在凝固浴中可溶,它会直接导致得率的降低和溶剂回收负荷的增加,相反,可以放宽这些指标的要求。另一方面是研究这些成分对浸渍工艺的影响,确定相应的控制值。

参考文献

[1] ROSENAU T,POTTHAST A SIXTAH,et al. The chemistry of side reactions and byproduct formation in the system NMMO/cellulose(Lyocell process)[J]. Prog. Polym. Sci. ,2001(26) :1763-1837.

[2] XU H. Lyocell fiber(Alternative regenerated cellulose fibers)[J]. Chemical Fibers International,1997, 47(1) :298-304.

第4章 纤维素在 NMMO 溶液中的溶解机理

4.1 Lyocell 纤维的溶剂——NMMO

NMMO 是 N-甲基氧化吗啉的英文缩写（N-methylmorpholine-N-oxide），又称氧化甲基吗啉。其分子式为 $C_5H_{11}NO_2$，分子量为 117.15，结构式如图 4-1 所示。

NMMO 是一种脂环族叔胺氧化物，由于环中没有共轭双键，因此，它不具有芳香环的特征。氮原子以 SP^3 杂化轨道与其他原子相连，具有以氮原子为中心的四面体空间结构。由于 N—O 键的强极性，使氧上具有很高的电子云密度。因此，人们往往把 NMMO 的分子式写成如图 4-2 所示的形式。

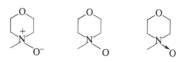

图 4-1　NMMO 的结构式　　　　图 4-2　NMMO 分子式的三种表示方法

NMMO 表现出很强的亲水性，能够与水形成氢键，具有很高的吸湿性，可与水混溶。N—O 键的能量较高，键的离解能达到 222kJ/mol，易断裂。由此决定了 NMMO 具有以下三个重要性质[1]。

（1）NMMO 是一种强氧化剂，具有热不稳定性，在催化剂作用下极易导致 N—O 键的断裂。

（2）NMMO 具有弱碱性，与氮原子相连的氧原子带负电荷，是质子的接受体。

（3）NMMO 的碱性比 N-甲基吗啉（简写为 NMM）或吗啉（简写为 M）的碱性弱得多，对酚酞指示剂没有明显的变色现象。N—O 键的强极性（易于形成氢键）和弱结合力这两个特点使得 NMMO 广泛用于杀虫剂、除草剂、金属防锈剂、有机合成，作为纤维素的溶剂。

NMMO 有三种基本的结构形态，即无结晶水的 NMMO、单结晶水的 NMMO·H_2O（含水 13.3%）和 2.5 个结晶水的 NMMO·2.5H_2O（含水 28%）。它们在水溶液中的含量会随着溶液浓度的变化而变化。溶液浓度越高，含高结晶水的成分越多。表 4-1 是 NMMO 及水合物的物理性能[1]。

表 4-1　NMMO 及水合物的物化性能

物性参数	NMMO	NMMO·H_2O	NMMO·$2.5H_2O$
分子式	$C_5H_{11}NO_2$	$C_5H_{13}NO_3$	$C_{10}H_{32}N_2O_9$
分子量/(g·mol^{-1})	117.1	135.2	324.4
密度/(g·cm^{-3})	1.25	1.28	1.33
颜色	白色,晶体	白色,晶体	白色,晶体
熔点/℃	184	76~78	39
晶型	单斜晶系,PZ_1/m	单斜晶系,PZ_1/c	单斜晶系,PZ_1/c
晶胞尺寸/($\times10^{-10}$ m)	98.86×66.21×51.12	91.86×60.4×25.48	128.03×65×219.1
晶体的轴角 β/(°)	110.54	99.88	109.99
水中溶解度	混溶	混溶	混溶
CAS 登记号	7529-22-8	70187-32-5	80913-65-1

　　N-甲基氧化吗啉的合成方法很多,其合成路线大致可分为几个步骤。首先是吗啉的合成,其次是吗啉经甲基化得到甲基吗啉,最后是甲基吗啉经氧化生成 N-甲基氧化吗啉。吗啉是重要的化工原料,是许多精细化工产品的中间体,我国吗啉产量自给有余,每年有几千吨的出口量。吗啉的生产方法有两种,一种是以二乙醇胺为原料的生产方法,这种传统方法由于原料价格高,反应收率低,目前已经逐渐淘汰;另一种是以二甘醇和液氨为原料的生产方法,是目前普遍采用的工艺,这一工艺具有原料来源充足,工艺简单,转化率高的特点。其合成工艺路线如图 4-3 所示。

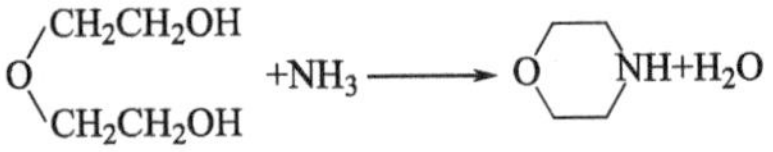

图 4-3　吗啉的合成工艺路线

　　N-甲基吗啉也是一个重要的精细化工原料,在药物、农药、表面活性剂及乳化剂等方面有广泛的应用。N-甲基吗啉有多种合成工艺,吗啉可以和碳酸二甲酯反应生成 N-甲基吗啉,其合成工艺路线如图 4-4 所示[2]。

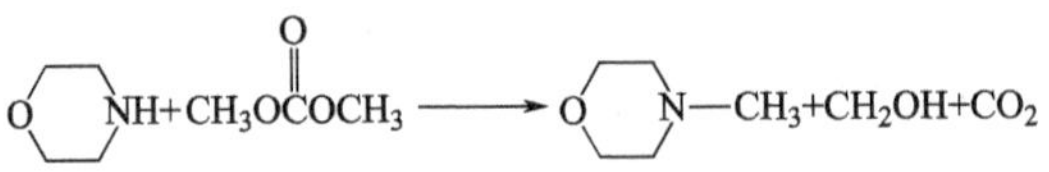

图 4-4　NMM 的合成工艺路线

N-甲基吗啉的另一种合成工艺路线是以甲醛和甲酸为原料,其合成工艺路线如图 4-5[3] 所示。

$$\text{O} \bigcirc \text{NH} + HCHO + HCOOH \longrightarrow \text{O} \bigcirc \text{N} - CH_3 + H_2O + CO_2$$

图 4-5　NMM 的合成工艺路线

孙英娟[4] 以吗啉生产过程中的副产物 N-甲基吗啉(NMM)为原料,采用强碱性的离子交换树脂为催化剂,以过氧化氢为氧化剂,合成了甲基氧化吗啉(NMMO),其合成工艺路线如图 4-6 所示。

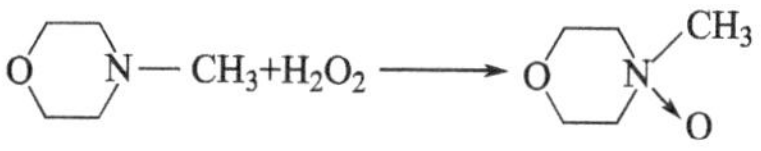

$$\text{O} \bigcirc \text{N} - CH_3 + H_2O_2 \longrightarrow \text{O} \bigcirc \overset{CH_3}{\underset{O}{N}}$$

图 4-6　NMMO 的合成工艺路线

事实上,这也是溶剂回收过程中常用的方法。在溶剂回收过程中,NMMO 溶液中常有少量的 N-甲基吗啉存在,N-甲基吗啉对体系的安全性有潜在的危险,因此必须去除。用过氧化氢处理后可以使溶液中的少量 N-甲基吗啉转变为生产所需要的 N-甲基氧化吗啉。

一种生产 NMMO 的典型工艺路线是由二乙二醇与氨反应生成吗啉,再经过甲基化和氧化生成 N-甲基氧化吗啉,其合成工艺路线如图 4-7 所示[5]。

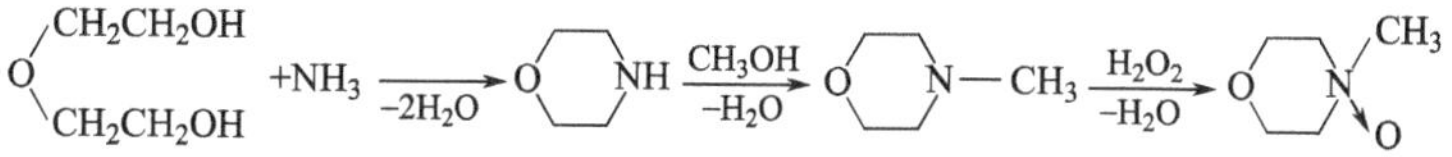

$$\text{O} \overset{CH_2CH_2OH}{\underset{CH_2CH_2OH}{\bigcirc}} + NH_3 \xrightarrow[-2H_2O]{} \text{O} \bigcirc \text{NH} \xrightarrow[-H_2O]{CH_3OH} \text{O} \bigcirc \text{N} - CH_3 \xrightarrow[-H_2O]{H_2O_2} \text{O} \bigcirc \overset{CH_3}{\underset{O}{N}}$$

图 4-7　典型的 N-甲基氧化吗啉的合成工艺路线

N-甲基氧化吗啉也是吗啉生产过程中的副产物,产量约为吗啉的 4%,因此,也可以从吗啉合成中获得 N-甲基氧化吗啉。

目前,我国在 Lyocell 纤维生产中使用的 NMMO 均从国外进口,能够提供 NMMO 的国外公司有德国的 Degussa 和 BASF 公司、英国的 Texaco 公司和印度的 A&P 公司等。虽然国内也有生产 NMMO 的企业,其产品多用于其他行业,因此,在数量和质量上尚不能满足 Lyocell 纤维生产的需求。近年来,已经有企业开始着手研究专用于 Lyocell 纤维的 NMMO 的规模化生产技术,有望在不久的将来实现 NMMO 的国产化。

高浓度的 NMMO 溶液在常温下为结晶的固体,考虑运输和储存的安全及使用方便性等因素,市售的 NMMO 通常为 50% 的水溶液,溶液呈淡黄色,化学性能稳定。NMMO 的主要性能指标见表 4-2。

表 4-2　NMMO 的主要性能指标

性能指标	数值	备注
NMMO 含量/%	50±1	
水含量/%	50±1	
NMM(质量分数)/%	<0.5	
H_2O_2/(mg·L^{-1})	100	最大
溶液中总游离胺	<0.5	
电导率/(μS·cm^{-1})	175	最大
亚硝胺/(mg·L^{-1})	0.3	最大
颜色	无色到淡黄色液体	
凝固点/℃	20	
50%溶液的沸点/℃	118.5	
50℃时的黏度/(mPa·s)	7.4	
90℃时的密度/(g·mL^{-1})	1.084	
50℃时的密度/(g·mL^{-1})	1.113	
25℃时的密度/(g·mL^{-1})	1.130	
25℃时的折光指数	1.4382	

4.2　NMMO/H₂O 溶液和纤维素/NMMO·H₂O 溶液的熔点

NMMO 水溶液在水含量较高的情况下,因为氮氧键的强极性,通常都会以水合物的形式存在。水合物有两种形式,一种是双水合物(NMMO·2.5H₂O),其熔点为 39℃,含水量为 28%;另一种则是单水合物(NMMO·H₂O),其熔点为 76℃,含水量为 13.3%。而完全无水的 NMMO 的熔点为 184.2℃。

有很多学者测定过 NMMO—H₂O 的凝固曲线,得到了关于 NMMO—H₂O 的相图,虽然每个学者测定的结果稍有出入,但其结果相差不大。图 4-8 是典型的 NMMO—H₂O 的相图。

由图可见,NMMO 水溶液的熔点随溶液中水含量的增加而减少,溶液中的含水量

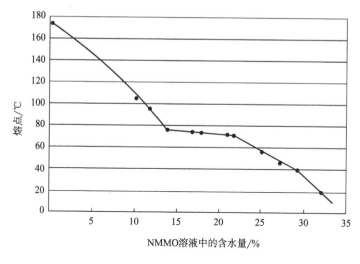

图 4-8　NMMO—H$_2$O 的相图

在 13% 时存在一个拐点,当溶液中含水量进一步减少时,溶液的熔点会快速增加。而水的含量超过 30% 后,在常温下便以液体形式存在。市售的 NMMO 通常都是含有 50% NMMO 的水溶液。

　　当 NMMO 水溶液中加入纤维素后,它的熔点会随着溶液中纤维素质量分数的增加而降低。刘瑞刚等[6]对含有不同比例纤维素的纤维素/NMMO·H$_2$O 溶液的熔融和固化过程进行了研究。实验中采用了含水为 13.3% 的 NMMO 溶液,纤维素的含量从 2%~12%,用膨胀计测定比容,用 DSC 测定比热,通过溶液在升温过程中出现的比热和比容的突变来确定其熔点。膨胀计可以检测样品在升温过程中的容积变化,从图 4-9 的比容对温度的微分曲线中可以看到,NMMO 水溶液和纤维素/NMMO·H$_2$O 溶液都出现了明显的比容变化的峰值,峰值处的温度即为熔点。样品熔融前和熔融后,其比容都随着温度的升高呈直线增加,斜率不大,而在相转变的过程中,即溶液从固体变为液体的过程中,比容变化的速度急剧增加,直至溶液完全熔融。微分曲线显示:随着溶液中纤维素含量的增加,溶液的熔点下降,同时,峰值的降低和变宽表示体系中所含的结晶物数量减少和融程变宽。

　　DSC 检测结果与比容对温度的微分曲线非常相似,溶液的熔点随着纤维素含量的增加而降低,而且熔融峰变矮、变宽。DSC 曲线如图 4-10 所示。

　　从上述实验可以看出,无论是 NMMO/H$_2$O 溶液还是纤维素/NMMO·H$_2$O 溶液,在冷却后,NMMO 都会形成一定程度的结晶。纤维素含量越低,形成的结晶越完善;纤维素的加入,破坏了 NMMO 的结晶,也有可能因为部分 NMMO 与纤维素分子的相互作用而破坏 NMMO 结晶的完整性。用比容法和 DSC 法测定的熔点值有所差异,但两种

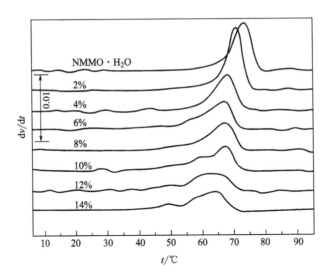

图 4-9　NMMO/H₂O 溶液和纤维素/NMMO·H₂O 溶液的比容对温度的微分曲线

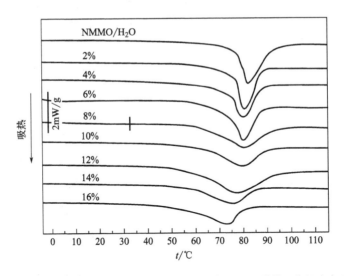

图 4-10　NMMO/H₂O 溶液和纤维素/NMMO·H₂O 溶液的 DSC 曲线(升温速度为 10℃/min)

方法得到的趋势完全相同。图 4-11 所示是由 DSC 检测结果绘制的纤维素含量与熔点的关系。

　　由图可见,随着溶液中纤维素浓度的增加,溶液的熔点降低。纤维素浓度越高,熔点降低得越多。含 12% 纤维素的纤维素/NMMO·H₂O 溶液的熔点比同样浓度 NMMO/H₂O 溶液的熔点降低了 8~10℃。

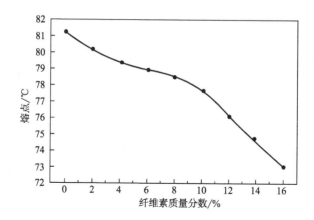

图 4-11　纤维素质量分数与熔点的关系

4.3　纤维素/N-甲基氧化吗啉/水的三元相图

当 NMMO 水溶液和一定量的纤维素混合时便形成了三元溶液体系。图 4-12 所示是纤维素/N-甲基氧化吗啉/水的三元相图,它描述了体系中三个组分间的相互关系。其中阴影部分是纤维素/N-甲基氧化吗啉/水的三元共溶区域。Lyocell 纤维的制备过程中,纺丝溶液形成时,其三种组分的比例必须处在这个区域内。

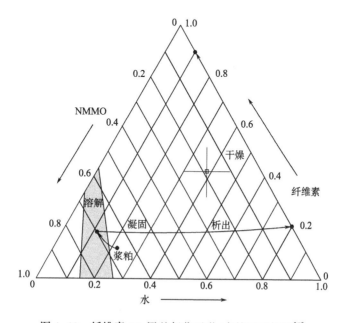

图 4-12　纤维素/N-甲基氧化吗啉/水的三元相图[7]

图中带有箭头的曲线描述了 Lyocell 纤维在制备过程中三种组分的变化过程,也清晰地描述了纤维素不溶解—溶解—不溶解的过程。当它们还处于浆粥状态时,浆粥含有 12%左右的纤维素,88%是 NMMO 的水溶液。NMMO 水溶液的浓度范围在 75%~82%,此时,浆粥中纤维素处在不溶解的状态。而后,在温度和真空作用下,不断将体系中的水蒸出,随着体系中水含量不断减少,NMMO 溶液的浓度不断提高。当 NMMO 水溶液中水与 NMMO 的含量分别为 13%和 87%时,即溶液中纤维素:NMMO:水三组分的比例为 12:77:11 时,纤维素就进入了溶解区域,形成了可供纺丝的溶液。纺丝溶液经过喷丝头,形成纤维,而后通过一个空气冷却的气隙,进入凝固浴,由于凝固浴是低浓度的 NMMO 水溶液,纤维在凝固浴中迅速进行双向扩散,此时,溶液就迅速脱离了溶解区域,纤维被沉析出来,再经几次水洗后,纤维中 NMMO 含量越来越少,最终获得了纯的纤维素纤维。

当然,相图仅仅描述了随 NMMO 浓度变化,纤维素溶解能力的变化,实际生产过程中纤维素的溶解还需要有其他条件相配合。首先,溶剂必须是在液体状态下,能够溶解纤维素的 NMMO 水溶液的浓度为 87%,其熔点为 76℃,因此,溶解过程中温度必须高于 76℃。Lyocell 纤维的制备过程中,溶解温度通常控制在 100~130℃。其次,由于形成的纺丝液具有很高的黏度,还必须配备合适的机械设备以确保纺丝溶液的均匀传热及顺畅输送。

4.4 溶解机理

NMMO 之所以能够作为纤维素的理想溶剂,根源在于 NMMO 自身的独特结构。氮原子的原子序数为 7,外层电子数为 5 个,其阶电子层的结构为 $2s^2p^3$,即外层 s 轨道上有一个电子对,其他三个单电子以共价键形式与其他元素连接,它具有四面体的立体结构,氮原子处于正四面体的中心。在 NMMO 分子中,氮原子是通过 sp^3 杂化与 3 个碳原子相连,另一端则是一对孤电子对与氧原子形成配位键。配位键具有共价键的性质,氮氧原子共享这两个电子,但这一对电子完全由氮原子提供,NMMO 分子的立体结构如图 4-13 所示。

图 4-13 NMMO 分子的立体结构

氧原子的原子序数是 8,其电子排序为 $1s^2\ 2s^2\ 2p^4$。通常认为氧的外层有 4 个电子,分别占据三个 p 轨道,其中一个轨道上有 2 个电子,另外两个 p 轨道上分别有 1 个电子。当它与氮原子相连形成配位键时,氮上的一对电子占据了氧上的一个 p 轨道,另外两个 p 轨道分别由两对氧上的电子对占据。碳原子的电负性为 2.5,氮原子的电负性为 3.0,氧的电负性为 3.5。电负性是元素的原子在分子中吸引电子的能力,电负性越大表示吸引电子的能力越强。因此,碳氮键中氮原子具有较强的吸引电子的能力,由于 NMMO 分子中氮原子与 3 个碳原子相连,进而进一步增强了氮原子的电负性,故氮原子很容易和氧原子形成配位键。由于氮氧键的电子由氮一方提供,因此,与其他化合物上的氧相比较,NMMO 上的氧具有更大的电负性。

NMMO 为六元环结构,没有不饱和键,属于脂环族化合物。因此,氮原子尽管在六元环中,但它的电性质并不受环的影响。

一个电负性大的原子 X 与氢原子形成共价键后,氢原子有强烈的质子化的倾向,若另一个电负性大、半径小的原子 Y 靠近它时,就会在 X 和 Y 之间以氢为媒介形成三中心四电子键,X 和 Y 可以是分子、离子或分子片段,使 X 和 Y 产生相互作用的力称为氢键。氢键可以存在于分子间,也可以存在于分子内。能够形成氢键的原子包括氟、氮、氧,在 X—H—Y 的表述式中,X 和 Y 可以是不同的原子,也可以是同一种原子。

氢键的形成并没有改变原有物质的性能,仅仅是两者之间产生了一种吸引力,所谓氢键的键能可以理解为,消除两者作用力所需的能量,即将 X—H⋯Y—H 分解成为 HX 和 HY 所需的能量。氢键的键能为 8 ~ 155kJ/mol。X 到 Y 的距离为 0.25 ~ 0.34nm,也可以认为这是氢键的键长。

氢键的键能仅仅比分子间的范德瓦耳斯力稍强,但与共价键和离子键相比要弱很多。例如,C—H 键的键能是 414kJ/mol,N—O 键的键能是 230kJ/mol,O—H 键的键能是 464kJ/mol,而氮氧原子间形成的氢键其能量仅为 8kJ/mol,其稳定性也弱于共价键和离子键。常见的氢键键能见表 4-3。

表 4-3　常见氢键键能

氢键类别	F—H⋯F	O—H⋯N	O—H⋯O	N—H⋯N	N—H⋯O
键能/(kJ · mol^{-1})	155	29	21	13	8

氢键不同于范德瓦尔斯力,它具有饱和性和方向性。由于氢原子特别小,而原子 X 和 Y 比较大,所以 X—H 中的氢原子只能和一个 Y 原子结合形成氢键。同时,由于 X 和 Y 之间的同性相互排斥,另一个电负性大的原子 Y 就难于再接近氢原子,人们称其为氢键的饱和性。与其相对应的是方向性,将 X 和 Y 连接起来的媒介是氢,从作用力角度看,是两者越靠近越好,而 X 和 Y 又都是电负性很大的原子,它们之间具有排斥性,所以能够显示最大作用力的方向是当 X、Y 和氢处在一条直线上时。

纤维素纤维由于分子内和分子间的强大的羟基,以及其规整的链节结构所形成的高结晶度,使它不溶于许多常见的有机溶剂。一种溶剂是否能够溶解纤维素从理论上说,取决于溶剂是否具有与纤维素中的羟基形成氢键的能力,另一个重要的因素则是新形成的羟基是否比纤维素之间形成的羟基更强,更稳定。从 X—H⋯Y 模型中可以看出,对于纤维素之间的氢键,X 和 Y 都是氧。从纤维素的立体结构可以推断出,最易形成分子间氢键的是碳 6 位上的羟基,因为碳氧键的内旋转使它有多种构型,在纤维成形过程中也意味着有更多的机会与相邻的基团形成氢键。椅式结构的纤维素分子中的碳 6 与相邻纤维素分子碳 3 上的氢键形成了分子间的氢键。这种结构不仅增强了纤维素分子链的线性完整性和刚性,而且使其分子链紧密排列成高度有序的结晶区,使反应试剂难以抵达,氢键结构如图 4-14 所示。

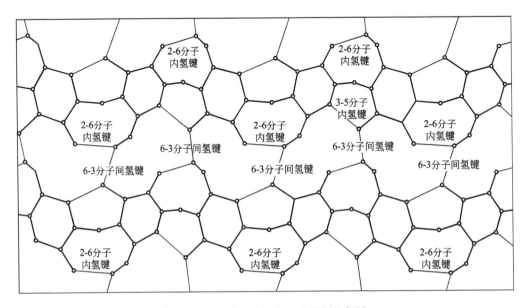

图 4-14　纤维素分子内和分子间的氢键

在所有的氢键中,氢原子并不是都处在 X 和 Y 的正中间,当 X 和 Y 的电负性不同时,氢原子会更接近于电负性大的一边。

在含有氮、氧原子的分子中,与其相连的基团对氮、氧原子的供电子能力有以下规律,$(CH_3)_3C>(CH_3)_2CH>(CH_3)CH_2>CH_3>H$。以此为据,比较纤维素分子中碳 6 和碳 3 的电负性就会发现,碳 6 除与羟基连接外,还与两个氢和一个碳相连,而碳 3 除与羟基相连外,还与一个氢和两个碳相连。因此,整体考虑基团对氧提供电子的能力,碳 3 上的羟基具有更大的电负性。从图 4-14 中结构可见,纤维素分子间的氢键是 O—H…O 类型。碳 3 上的氢可以认为是氢键的提供者,而碳 6 上的氧则是接受者,当碳 6 上羟基和另一个分子的碳 3 上的羟基形成氢键时,氢的位置更偏向于碳 3。

NMMO 分子中的 N→O 键上氧原子的孤电子对可以和靠近它的羟基的氢核形成氢键,由于氮氧键是配位键,使氧具有更高的电负性,它具有更强的与氢核形成氢键的能力,也因为强的电负性,其形成的氢键具有更高的稳定性,溶解纤维素的过程就是破坏纤维素分子间形成的氢键的过程。溶剂首先与碳 6 上的羟基作用,形成比原来的羟基更强、更稳定的氢键。NMMO 中的氧具有比碳 6 上的氧原子更大的电负性,故容易与碳 6 的羟基形成氢键,进而破坏纤维素分子间的氢键。结合溶剂法纤维素的制备工艺,当 NMMO 水溶液的浓度比较低时,NMMO 不具备溶解纤维素的能力,原因是 NMMO 与水形成了氢键,根据氢键的饱和性原理,NMMO 分子不再具有与其他羟基生成氢键的能力。浆粕本身结构具有天然的不完善的空隙,因此,小分子的 NMMO 和水都可能进入纤维内部的空隙而使纤维素产生一定程度的溶胀。只要有大量的水存在,纤维素就不能完全溶解,随着水分的不断减少,NMMO 与越来越多的纤维素羟基作用,纤维素和 NMMO 形成的氢键如图 4-15 所示。

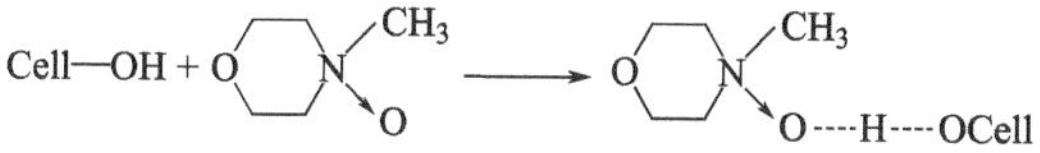

图 4-15 纤维素与 NMMO 形成的氢键

NMMO 与纤维素形成的氢键首先发生在无定形区,因为这一区域结构松散,小分子最容易进入。而后,逐渐深入结晶区内,纤维素的聚集态结构不断被破坏,当纤维素分子间的氢键全部被 NMMO 替代时,纤维素分子便有了分子间相互移动的能力,分子间不受束缚的自由移动是溶液形成的基本特点。

参考文献

[1]ROSENAU T,Potthast A,Sixta H,et al. The chemistry of side reactions and byproduct formation in the system NMMO-cellulose[J]. Prog. Polym. Sci. 2001(26):1763-1837.

[2]廖戒. N-甲基吗啉的合成研究[J]. 西南民族大学学报. 2009,35(1):116-118.

[3]马西功,于世涛,等. N-甲基氧化吗啉的合成[J]. 青岛科技大学学报. 2008,29(4):283-286.

[4]孙英娟. N-甲基氧化吗啉(NMMO)的合成研究[J]. 华北科技学院学报. 2007,4(2):33-35.

[5]吴翠玲,等. 新型有机纤维素溶剂 NMMO 的研究[J]. 兰州理工大学学报. 2005,31(2):73-76.

[6]刘瑞刚,等. 纤维素/NMMO·H_2O 溶液的熔融和固化行为[J]. 中国纺织大学学报. 2000,26(6):114-117.

[7]HOECHST A. Ullmann's encyclopedia of chemistry industry [M]. Wiley – VCH Verlag GmbH & Co. KGaA,1998.

第 5 章　Lyocell 纤维的制备工艺及影响因素

　　纤维素是自然界中广泛存在的可再生资源,它不仅存量巨大,而且每年新生成的纤维素量高达 70 亿吨,可谓是取之不尽、用之不竭。早在一百多年前,人们就以纤维素为原料开发出了黏胶纤维的生产工艺,开创了纺织行业利用纤维素的先例。再生纤维素可以通过改变工艺条件,制备出各种各样的差别化产品,通过设计不同的细度、不同的截面,添加功能性成分等,它不仅可以替代棉花,而且可以赋予天然纤维所不具备的多种功能,大大丰富了纺织原料的供应,同时,它还具有穿着舒适及弃后可自然降解的特点。正因为如此,黏胶纤维在纺织行业始终占有重要的地位。但黏胶纤维制备过程中会产生大量的有毒、有害废水和废气,这些废气和废水成了制约黏胶纤维快速发展的障碍。几百年来黏胶行业治理废气、废水的工作从来没有停止过,也取得了卓越的成绩,全行业全硫回收率不断提高,最先进的黏胶企业其全硫回收率已经达到 95%,尽管如此,由于黏胶行业巨大的体量,即便是 5% 的排放量,仍然会对自然界造成很大的影响。2019 年我国黏胶短纤的产量是 394 万吨,5% 的排放就意味着每年要向大气中排放 4.97 万吨的二硫化碳和 1.53 万吨的硫化氢。黏胶长丝的情况更为严重,目前较先进的工艺其回收率仅为 30%,2019 年长丝的产量是 18.4 万吨,这就意味着长丝生产中年排放的二硫化碳达到 3.24 万吨,排放的硫化氢接近 1 万吨。显然,对于越来越关注环保的当今社会而言,如此大量的排放不得不引起人们的关注。但由于生产工艺的特性,目前回收工艺已经做得相当不错,因此,剩余的有毒、有害气体的处理难度会越来越大,它也意味着治理成本会越来越高。一方面是对再生纤维素产品的需求,另一方面则是面临着巨大的环境压力,寻找更安全可靠的纤维素的溶解体系和工艺,从源头上消除污染是人们一直在追求的目标。

　　NMMO 溶剂体系的开发成功,为人们提供了一种近乎完美的技术,它以无毒、无味的 N-甲基氧化吗啉(NMMO)为溶剂,并经适当的回收工艺重复使用,按照现有的回收工艺水平,NMMO 的回收率可以高达 99.7%。NMMO 可以与水混溶,纤维素在 NMMO 水溶液中的溶解性取决于 NMMO 水溶液的浓度,只有在 NMMO 水溶液达到一定浓度时纤维素才会溶解,一旦脱离这个区域,纤维素便不再溶解,正是这个特性使我们有可能首先将其制成 NMMO/水/纤维素组成的纺丝溶液。而后,溶液进入凝固浴,在低浓度的 NMMO/水的凝固浴中通过双向扩散,使纤维素溶液脱离溶解区而形成纤维。整个过程无任何化学反应,从源头上解决了黏胶工艺的污染问题。用这种工艺生产的纤维不仅保留了纤维素自身化学结构所赋予的一系列优异的特性,而且还具有很高的机械强度,使它的使用范围进一步的拓展,为纺织行业可持续发展奠定了坚实的基础。

5.1　Lyocell 纤维制备的工艺流程

　　Lyocell 纤维制备工艺与黏胶纤维制备工艺相比,两者的主要区别在于纺丝溶液的制备和纺丝的工艺。目前工业化生产中,溶液制备过程是通过 NMMO 水溶液与浆粕物理混合,而后,通过提高 NMMO 水溶液的浓度,最终制成纤维素/NMMO/H_2O 的纺丝溶液。而纺丝基本都采用干喷湿纺的技术路线。纤维成形后的水洗、精练、干燥、上油和打包工艺几乎与黏胶的一样。因此,黏胶生产常用的后处理设备仅需做少量的改进便可使用。就 Lyocell 纤维纺丝溶液的制备工艺而言,已经实施了工业化、半工业化的生产工艺大致可以分为 3 种,即薄膜蒸发溶解技术、卧式全混溶解技术(LIST)及双螺杆溶解技术。溶液制备过程又可进一步细分成溶胀和溶解两个阶段,溶胀工段可以借用传统的黏胶生产中使用的浸压粉工艺,通过浸渍液的活化完成预溶胀过程,预溶胀后的浆粕经压榨和粉碎,与高浓度的 NMMO 水溶液混合后制成浆粥,而后,进入薄膜蒸发器或卧式全混溶解釜完成溶解过程,为讨论方便起见,我们称该工艺为湿法溶胀工艺。另一种工艺则是干浆粕不经过浸渍,直接与浓度相对较低的 NMMO 水溶液混合,而后经过脱水,制备成浆粥,再进入薄膜蒸发器完成溶解过程,我们称这种工艺为干法工艺。双螺杆溶解技术则是将 87% 的 NMMO/H_2O 溶液和经超细粉碎的干浆粕混合后,送入具有特殊设计的双螺杆中直接溶解制成纺丝液,我们称其为直接溶解法。这三种工艺各有优缺点,因此,在确定产品目标后,需谨慎选择合适的工艺路线。

5.1.1　湿法溶胀—薄膜溶解—干喷湿纺工艺

湿法溶胀工艺流程如图 5-1 所示。

　　这一工艺过程可以简单叙述如下:卷浆或片浆经金属检测、称量,由传送带投入浸渍釜内,浸渍液通常由酸和生物酶等组成,纤维素浆粕在一定温度和酸性条件下,在过量的浸渍液中进行浸渍活化,这一过程可以破坏部分纤维素晶区结构,并能够水解低分子量纤维素,溶解物进入浸渍液中,从而为 NMMO 的溶胀提供有利条件。纤维素酶活化完成后的浆粕需经过碱终止反应,而后由压榨机去除多余的液体,送入粉碎机进行粉碎。由于纤维素化学结构的特性,压榨过程不能完全去除水分,通常压榨后的纤维素仍含有 50% 的水。由在线水分测量仪和连续称量装置获得精确的浆粕质量,在混合釜中与一定浓度的溶剂完成预混,而后,进入溶胀釜。在特殊设计的搅拌桨叶的作用下,物料被不断挤压,使溶剂和纤维素得到充分混合和匀化,形成质地均匀的浆粥。

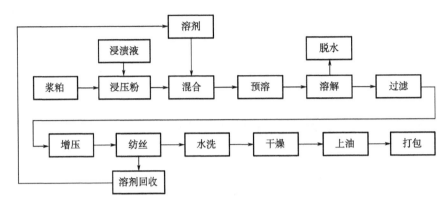

图 5-1　湿法溶胀制备 Lyocell 工艺流程

　　浆粥经螺杆泵被送入溶解机中,溶解设备通常采用薄膜蒸发器,物料在刮刀的作用下被铺抹成薄层,并被连续向下推进,为了降低脱水的温度,薄膜蒸发器通常施加一定的真空,物料中的水分在温度和真空的共同作用下逐渐脱除,当溶剂浓度达到一定范围时,纤维素被溶解而形成纺丝溶液。纺丝原液由泵输送至纺丝溶液过滤器,去除纺丝液中所含的固体杂质及部分凝胶粒子。

　　Lyocell 纤维由于具有较高的黏度,通常采用干喷湿纺的纺丝工艺,纺丝液由计量泵送入纺丝组件后,经喷丝板挤出。纺丝溶液从喷丝板挤出后首先经过一段空气气隙,在冷却风的作用下,纺丝细流被冷却并拉伸取向,而后进入凝固浴中固化成形,纺丝原液细流中的溶剂在凝固浴中与凝固液进行双扩散,由于凝固浴液中溶剂的浓度低于原液细流中溶剂的浓度,溶剂从原液细流中扩散到凝固浴中,从而原液细流迅速脱离溶解区而固化成形,形成纤维,随后由七辊牵引机牵出。从凝固浴中牵出的已凝固成形的纤维丝束中仍含有一定量的溶剂,需要在水洗机中进一步去除。水洗机由若干个独立的水洗槽组成,经洗涤后,丝束中溶剂的残留量应小于 1.5%。丝束经水洗机洗涤后,由三辊卷绕机牵引至切断机被切断成短纤维,短纤维经过精练机进一步洗涤出所夹带的微量溶剂,然后,经过上油、烘干,最后,风送至打包机中打包。当生产抗原纤化纤维品种时,切断后的短纤维经过精练机后,进入交联反应工序,交联剂在催化剂、温度、时间的共同作用下,与纤维素发生化学反应,使其具有抗原纤化的能力,交联完成后的纤维还需经洗涤工序,清除残存的交联剂,再经上油、烘干及打包得到抗原纤化的纤维产品。抗原纤化处理也可以在纤维束切断之前进行。

　　凝固浴中的低浓度溶剂需要配备适当的循环系统,首先,要严格控制其温度,因为温度与纤维的凝固成形过程密切相关;其次,要通过不断导出凝固浴和补加水或溶剂使凝固浴的浓度始终保持不变,由凝固浴排出的凝固液中含有多种杂质,其中包括低聚合度的纤维素、木质素和半纤维素等,这些成分通过絮凝、阴离子和阳离子交换等手段加以去除后,便获得纯净的低浓度 NMMO 水溶液;最终,通过蒸发回收液中的水分,将其浓缩到工艺所需的浓度,可再次用作制备纺丝液的溶剂。

5.1.2　干法溶胀—薄膜溶解—干喷湿纺工艺

干法溶胀工艺流程如图 5-2 所示。

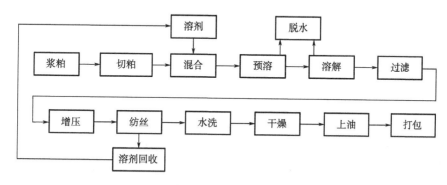

图 5-2　干法溶胀制备 Lyocell 工艺流程图

这一工艺可以简单叙述如下:卷浆由切粕机切成一定大小的小块浆粕,经称量由传送带投入混合釜,与此同时,将 NMMO/H_2O 溶液按比例注入混合釜内,干浆粕与溶剂在混合釜内被充分混合,由于溶剂的浓度较低,纤维素仅能够获得有限的溶胀。混合后的物料经螺杆泵送入预溶釜内,在特殊设计的搅拌浆叶的作用下,物料被不断翻滚、挤压,使溶剂和纤维素得到充分混合,预溶釜施加有负压和一定的工作温度,物料中的水分不断被脱出,使 NMMO 水溶液的浓度不断提高,随着溶剂浓度的提高,纤维素的溶胀程度也不断提高,部分低聚合度纤维素和其他有机小分子物在这一阶段被溶解,物料的黏度明显增加,最终形成均匀一致的浆粥。其后的工艺流程与湿法溶胀工艺—薄膜溶解—干喷湿纺工艺相同。

5.1.3　直接溶解—干喷湿纺工艺

直接溶解工艺流程如图 5-3 所示。

这一工艺可以简单叙述如下:浆粕由超细粉碎机粉碎成超细粉末,再经称量投入混合设备内,与此同时,将高浓度的 NMMO/H_2O 溶液按比例注入混合设备内,混合物导入特殊设计的溶解装置内(双螺杆),直接完成混合物的溶解。该工艺使用的是具有最佳溶解性能的 NMMO 水溶液,因此,无需用真空脱水设备。纺丝原液由泵输送至纺丝溶液过滤器,去除溶液中所含的固体杂质及部分凝胶粒子,采用干喷湿纺的纺丝工艺纺制成纤维。其后的工艺流程与湿法溶胀—薄膜溶解—干喷湿纺工艺相同。

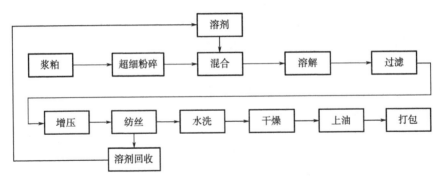

图 5-3　直接溶解法制备 Lyocell 工艺流程图

5.1.4　几种工艺路线的比较

Lyocell 纤维浆粕预处理的方法可以分为湿法和干法,湿法工艺沿用了黏胶纤维的预处理方法,首先将一定规格的浆粕在甲酸水溶液中进行浸渍,为加快浸渍速度,通常还加入一定量的生物酶,以破坏纤维素晶区结构,并对纤维素进行一定程度的水解,使聚合度均一性更好,同时去除 β-纤维素、γ-纤维素等小分子,这一工序的目的是使纤维素能够充分溶胀,以更有利于溶解。当纤维素的活化进行到一定程度后,必须终止纤维素酶的活性,因此,浸渍液必须用碱予以中和。终止反应后,由压榨机去除多余的液体,为了使纤维素与溶剂有优良的混合效果,榨干后的纤维素还需在粉碎机中进行粉碎。粉碎后的浆粕便可以和一定浓度的 NMMO 水溶液进行充分混合,制成浆粥。

干法工艺则是将定量的干浆粕直接与较低浓度的 NMMO 混合,此时,NMMO 溶液中水的含量通常大于 20%,也就是说,该溶液不具备溶解纤维素的能力,但它可以破坏部分纤维素分子间的氢键,而使纤维素溶胀。混合物需在特殊设计的设备中完成溶胀的过程。为了加强溶胀效果,这一阶段通常会施加一定的真空,使 NMMO 溶液从完全不具溶解纤维素的能力,逐渐通过水分的抽出而使其溶胀和溶解能力不断提高,制成的浆粥送入薄膜蒸发器进行进一步脱水后制成纺丝溶液。

这两种工艺具有各自的特点,湿法工艺是一种非常成熟的预处理工艺,在黏胶纤维预处理中广泛使用。因此,不仅它的工艺成熟,而且可以直接采用与黏胶纤维相同的浸压粉设备,无需开发全新的设备。与湿法工艺相比,干法工艺在以下几个方面具有明显的优势。

(1) 干法工艺完全省略了浆粕的浸渍、压榨和粉碎工序,大大简化了工艺,节约了浸压粉设备的投资和所需的设备占地面积。

(2) 湿法工艺中,压榨液通常要重复使用,但由于压榨液中含有大量从纤维素中溶解下来的小分子物,这些物质随着使用次数的增加,会不断积累。因此,实际生产过程中,每使用一次都必须排放一定量的压榨液,排放比例一般为总用量的 1/3,对于 1.5 万吨/年的纤维生产线而言,每天要排放近 300 吨的废水,同时还要补充相同量的新鲜水。压榨液是含有碱、酸和多种有机物的污水,COD 含量高达 2000 以上。因此,除了增加了新鲜水的用量,还需要处理排放的污水,它不仅需要相应的设备,而且要消耗能源。而干法工艺由于没有该工序,也就不需要相应的设备和能源消耗。

(3) 在浆粥制备过程中,纤维素∶NMMO∶水三组分的初始比例大概是 12∶65∶23。选定这一比例是基于大量的实验结果,在这一比例下,纤维素能够得到充分溶胀,但并不产生大量的溶解,因此可以保证溶胀过程顺利进行。浸压粉工艺处理后,压榨过程不可能将纤维素中的水全部压出,通常其压榨极限是压榨后的纤维素中仍然含有纤维同等重量的水,即压榨后的湿纤维含有 50% 的水。因此,如果按照上述三组分的初始比例,对于干法工艺,使用 74% 的 NMMO 便可,而湿法工艺要达到同样的初始原料比则需要用浓度在 85% 以上的 NMMO 水溶液。溶剂回收的能耗取决于待回收液的浓度和工艺所需溶剂浓度的浓度差,差值越大,消耗的能量越大。这也意味着湿法工艺在溶剂回收上需要消耗更多的能源,进而增加了回收成本。

(4) 目前,Lyocell 纤维的生产线单线生产能力都不是很大,国内的单线产能为 3 万吨/年,国外只有兰精公司将单线产量能做到 6.7 万吨/年。生产线产能的瓶颈是薄膜蒸发器,薄膜蒸发器的产能放大在机械制造方面有一定的难度。相反,生产线其他配套设备在机械制造方面较容易完成产能的提升。薄膜蒸发器的能力实质上是设备蒸发水的能力,或者说是取决于设备的蒸发面积,当设备的蒸发面积确定后,单位时间内的脱水量就确定了。这就意味着如果每吨产品需要脱水的量小,设备的产量就高,相反亦然。对于湿法工艺,生产线唯一脱水的地方在薄膜蒸发器,要减少脱水量唯一的途径是使用更高浓度的 NMMO 溶液,但湿法工艺已经使用了浓度很高的 NMMO 溶液,因此,要进一步提高 NMMO 水溶液的浓度会带来输送和安全性等诸多问题。而且,进一步提高 NMMO 浓度不利于浸渍工艺。干法工艺由于在浆粥制备过程中就施加了真空,由此,有可能通过工艺的调节,将薄膜蒸发器的部分任务转移到浆粥制备中来完成,于是,同样蒸发面积的薄膜蒸发器,当采用干法溶胀工艺时,就有可能因为脱水量的减少而使潜在的产能提升。换言之,由于进入薄膜蒸发器的物料需要脱除的水分减少,当脱除与湿法工艺同样量的水分时,纺丝液的量就增加。

干法工艺有诸多优点,但由于没有现成的设备可以利用,因此,必须重新开发适用的设备,同时这一工艺的敏感性更强,调节难度较大,必须通过一系列的有效控制和检测手段才能确保产品质量。

除了上述两种工艺路线,直接溶解法曾经有过一些报道,就工艺路线而言,这是最为简单的一种工艺。它是将浆粕与具有最佳溶解能力的 NMMO/水溶液(87%)直接混合制成纺丝溶液,由于没有脱水工序,工艺更易控制;同时,也省略了湿法和干法溶胀工艺中所必需的真空脱水系统。第一个问题是浆粕在溶解前不能得到均一、充分的溶胀。浓度为87%的 NMMO/水溶液具有极高的纤维素溶解能力,这个浓度也是其他溶解工艺中的 NMMO 浓度的控制终点,所不同的是,其他工艺中这一浓度是由低浓度逐步提升到这个控制点,进而保证了浆粕的充分溶胀。高溶解能力的溶剂与纤维素微颗粒相遇后有可能迅速形成溶液膜,这层溶液膜将阻碍溶剂进一步进入颗粒的内部,进而易造成不溶的纤维碎片而影响纺丝性能,虽然,超细粉碎可以解决部分问题,但机械粉碎的颗粒粒度仍然是非常有限的。另外,对于大规模生产来说,超细粉碎后的物料输送、混合都有一系列的工程问题。双螺杆溶解器的另一个问题是其容量,对于 Lyocell 纤维溶液制备这一特殊的体系,要获得均一的纺丝溶液,就必须保证一定的停留时间,进而限制它的单机生产能力,也就是说,双螺杆溶解机的单机最大生产能力会远远小于薄膜蒸发器。但就它的工艺简便性,对于小批量及粗旦纤维不乏是一种选择,在生产添加型差别化纤维时更具独特的优势。

5.2　溶胀工艺及其影响因素

纤维素的溶胀是 Lyocell 纤维制备过程中十分重要的一个环节,浆粕溶胀的均一性直接影响到溶液质量。浆粕充分而均匀的溶胀是制备质地优良的纺丝溶液的必要条件。Lyocell 纤维用浆粕可以采用阔叶浆或针叶浆,各类浆粕的制浆工艺路线也有所不同,它会使浆粕在物理和化学性能上存在差异,如浆粕的生产工艺、原料来源、密度、卷装形式、金属离子含量等。因此,对于每一种浆粕需要研究适用于该浆粕的相应溶胀工艺。从这一意义上说,没有一种溶胀工艺可以适用于所有浆粕。采用某种固有的工艺处理一种未知的浆粕没有获得好的溶胀效果,也不一定是浆粕质量不好所致。当然,浆粕在工艺适应性方面还是存在一定的差距,有些浆粕具有很宽泛的工艺要求,而有些浆粕需要在较苛刻的条件下才会获得好的溶胀效果,研究浆粕溶胀过程中的各种影响因素,对溶胀工艺的制订有一定的指导意义。

5.2.1　溶剂浓度对溶胀工艺的影响

溶胀和溶解实际上很难划分明确的界线,它们都是通过 NMMO 水溶液不断削弱纤维素大分子间的氢键,促使纤维素大分子相互分离的过程,二者的差异仅仅是作用的程度不同而已。溶胀的过程也是一个动态的过程,氢键的建立与破坏会同时进行,当有足够量的 NMMO 及水分子进入纤维素大分子间时,便使纤维素大分子有序结构被破坏而产生了分离,这种分离的程度比较低时,从宏观上可以观察到纤维的体积明显膨大,这一阶段称为溶胀;随后,随着这一过程的继续发展,纤维素大分子被完全分离,它就进入溶解状态,即纤维素大分子能够在 NMMO 水溶液中以独立的分子或微胶束形式出现时,便形成了纤维素的溶液。

由于水和 NMMO 的电负性不同,NMMO 具有更强的与纤维素羟基形成氢键的能力,因此,当 NMMO 水溶液的浓度发生变化时,会对溶胀过程产生明显的影响。NMMO 及水分子的结构中都含有一个带有孤电子对的氧原子,它能够与靠近它的氢原子形成氢键,因此,在 NMMO 水溶液中,水分子之间会生成氢键,NMMO 和水也会产生氢键,不难理解,NMMO 中的氧一旦与水结合,就不再具有与外界氢形成氢键的能力。NMMO 与水可以稳定存在的典型结构有三种,即五水化合物(NMM·$5H_2O$,含水 40%,熔点 $-20℃$)、双水化合物($2NMMO·5H_2O$,含水 28%,熔点 36℃)和单水化合物($NMMO·H_2O$,含水 13.3%,熔点 76℃)。双水化合物中 NMMO 分子中的氧被 2.5 个水所占据,它不具有溶解纤维素的能力,而此时 NMMO 水溶液的浓度为 72%。因此,通常认为要破坏纤维素大分子间氢键的 NMMO 溶液的浓度必须高于 72%。这也是溶解纤维素的必要条件,因为只有当 NMMO 具有对外提供电子对的能力时,才有可能与纤维素大分子中的羟基形成氢键。

石瑜[1]等用不同浓度的 NMMO 溶液对纤维素的溶胀性能进行了研究,将浆粕在 60%~80%浓度的 NMMO 水溶液中浸润一定时间后,经离心脱水,测定其保水率。以此来评估浆粕的溶胀性能。结果发现,在 60%~75% NMMO 浓度范围内,随着 NMMO 浓度的增加溶胀性增加,但增加的幅度不大;而 NMMO 浓度为 75%~80%范围内,其溶胀速度快速增加。还可能是因为 75%以下浓度的 NMMO 分子,溶胀主要发生在纤维素分子微胞间,随着 NMMO 质量分数逐渐增大,溶剂进入纤维素微胞内,进而表现为溶解浆溶胀率快速增大。鉴于纤维素微胞间具有较弱的氢键的假设,NMMO 溶液容易进入这一区域,并首先破坏纤维素微胞间结合;而后,随着 NMMO 浓度的增加,NMMO 具有越来越强的破坏更高有序度的结构,即进入纤维素的微胞内。除了从纤维素本身的结构来解释浓度对溶胀的影响外,随着 NMMO 水溶液浓度的变化,NMMO 自身结构上的变化是溶胀程度变化的根本原因,溶胀的实质是 NMMO 中的氧原子与纤维素葡萄糖环上的羟基形成了氢键,而且形成的氢键达到了一定的数量。浓度低于 72%时,NMMO 中的氧被水分子所包围,因此,没有对外形成氢键的能力,当浓度超过 72%后,NMMO 有了对外提供形成氢键的能力,而且,提供形成氢键的能力会随着 NMMO 浓度的不断提高而提高。因此,随着 NMMO 浓度的提高,NMMO 破坏纤维素分子间氢键的能力越来越强,这是溶胀迅速增加的根本原因。当然,要充分发挥 NMMO 的这种能力还与浆粕的可及度相关,无定形区结构较疏松,是溶剂首先作用的区域,而后,是微包之间,最后,是结构最为紧密的晶区。

许虎[2]等同样用溶胀后的浆粕经离心脱水后,测定浆粕质量的方法研究了在

74%、76%和78%NMMO 三种浓度下,浓度对溶胀性能的影响。结果发现,78%浓度的NMMO 的溶胀性能明显的优于前两者。因此,他们认为78%的水溶液是溶胀的最佳浓度。更为直观的方法是在显微镜下直接观察单根纤维溶胀后直径的变化情况,在78%浓度下溶胀的纤维直径增加了67%,而74%、76%的浓度下溶胀的纤维直径分别增加了38%和41%。

刘岩[3]等研究了在90℃条件下,83%、85%和87%三种不同浓度的NMMO 溶液溶解棉纤维时所呈现的溶解能力。当使用浓度为83%的 NMMO 溶液时,棉纤维首先发生不均匀的溶胀,在纤维的径向多处出现球状的鼓包,而后,鼓包处发生断裂,形成片段,40min 后,片段全部溶解。当采用浓度为87%的NMMO 溶液时,观察不到有溶胀的过程,纤维被迅速溶解成片段,而后片段被溶解。而使用浓度为85%的 NMMO 溶液时,同时发现了上述两种情况,即有些纤维出现短暂的溶胀鼓包现象,有的则被直接溶解成片段。该实验中使用的 NMMO 浓度最低是83%,这一浓度的 NMMO 溶液已经具备了很强的溶胀能力,如果用更低浓度的 NMMO 溶液,溶胀会发生得更慢,更均匀,整个纤维会均匀地发生膨大,不一定会出现鼓包现象。

总结上述实验结果,溶液浓度对溶胀的影响可以归纳为:溶液的浓度越高,对纤维素的溶胀效果越好,这一现象在 NMMO 浓度为75%~85%时尤为明显,而低于75%的NMMO 溶液其溶胀效果有限。溶液浓度不同其溶胀的模式也有所不同,较低浓度的NMMO 在纤维溶胀时,除了纤维整体膨大外,还会从纤维的某一薄弱点开始,逐渐在纤维内部向纵横方向扩展,形成圆球形的鼓包,而后断裂。当使用浓度高的溶液时,纤维被直接溶断。

与溶胀相关的另一个因素是固液比,随着起始 NMMO 浓度的不断提高,要制备相同纤维素质量含量的纺丝溶液时,使用的溶液量会越来越少。浆粕通常都具有很好的吸收溶剂的能力,当过少的溶液与大量的固体浆粕混合时,极有可能造成部分浆粕吸收了大量的溶液,而另一部分浆粕吸收不到足够的溶液,进而造成物理上的混合不匀。因此,要保证溶胀均匀,就要求溶胀过程中保证一定的固液比,当纺丝溶液中纤维素含量确定时,一定的固液比意味着溶液的浓度必须是某个确定的值。以12%纤维素浓度的纺丝溶液为例,当使用72%的 NMMO 溶液时,其固液比是 1∶8.8,而使用80%的NMMO 溶液时,固液比就下降到了 1∶7.9。显然,过少的溶液量不利于均匀混合,当然,过大的液体量会造成蒸发设备的过重负荷,也对生产不利。因此,从液固比的角度考虑,拟用低浓度的 NMMO 溶液。

浆粕的聚合度大都呈正态分布,也就是说,总是含有一定量的低聚合度的纤维素及半纤维素等物质,纤维素的溶解性和 NMMO 的浓度有直接的关联,溶解的量取决于所使用的溶液的浓度,溶液的浓度越高,被溶解的量越大。在溶胀过程中,尤其在溶胀的初期,不希望有过多的溶解物,因为纤维素的溶解会大大增加溶液的黏度,它会堵塞纤维素内部的溶液通道,溶解的量越大,被溶解的纤维素的聚合度越高,阻塞作用就越大,甚至可以形成聚合物溶液的膜,严重阻碍溶液的扩散。因此,从低聚物的溶解角度看也不宜使用过高初始浓度的 NMMO 水溶液。

对于工业化生产而言,我们不仅要考虑溶胀过程所使用 NMMO 的浓度、浸渍温度和浸渍时间,而且还要考虑与下一道工序的配合,连续化生产过程中浸渍和溶解过程必须一致,必须在相同的时间内处理相同的量,这就需要在两者间达到合理的平衡。溶胀中理想的 NMMO 水溶液的初始浓度要使甲基氧化吗啉水溶液对浆粕有很好的溶胀性能,但仍不具备很高的溶解能力,以保证溶胀的均匀性,换言之,要使用尽可能低的 NMMO 浓度。另外,为了使进入薄膜蒸发器的物料尽快脱水,则希望甲基氧化吗啉的浓度尽可能接近于 87%,使它能够迅速进入溶解状态。这两个要求实际上是矛盾的。

溶胀过程中物料的状态会发生显著的变化,溶胀初期的物料液固相清晰分离,通过挤压可以分离出液体,但到了溶胀的后期,物料开始发黏,液固相界线越来越不清晰,它意味着已经有相当数量的较低聚合度的纤维素被溶解了,这一过程也是工艺设计上的需求,因为稍有黏度的物料易于输送和计量,也为进入薄膜蒸发器后形成均匀的薄膜创造了良好的条件。干法溶胀工艺的微妙之处就在于,它使用了较低初始浓度的 NMMO 水溶液,这一浓度使 NMMO 水溶液在溶胀的初期对纤维素的溶解能力最差,它可以顺利完成对纤维的均匀渗透。较低初始浓度的 NMMO 的水溶液也保证了浆粕和溶剂混合时有较大的液固比,它将有利于浆粕与溶剂均匀混合。较低初始浓度的 NMMO 的水溶液还能够保证在溶胀初期被溶解的组分尽可能少,进而保证了溶剂在纤维素中的渗透过程能够顺利地进行。而后,通过真空脱水,逐步提高 NMMO 溶液的浓度,使 NMMO 水溶液对纤维素的溶解性不断提高,最终形成部分溶解了的纤维素预溶液,由于 NMMO 中的水不断被脱除,使物料温度逐步提高,它保证了进入薄膜蒸发器时,浆粥的 NMMO 的浓度和物料的温度与溶解工艺的无缝对接。干法工艺中使用的 NMMO 的浓度在 72%~75%。

5.2.2　温度对溶胀工艺的影响

自然界中的一切物质的分子都处于运动状态,分子的运动与温度相关,温度越高,分子运动越快,分子热运动越激烈,扩散越快。因此,溶胀的过程与温度有密切的关系。

讨论温度对溶胀工艺的影响时,常常有不同的结论,有些实验结果表明,在各种不同温度下达到最大纤维素溶胀量各有不同;有些实验结果又表明,温度仅对其溶胀速度产生影响,而最终都能够达到基本相同的溶胀量。所以有上述不同的结论,可能与其选用的实验条件相关。NMMO 溶液的浓度范围是一个重要因素,NMMO 浓度过低时,NMMO 对外不能提供足够的生成氢键的条件,即便温度升高也只能产生有限的溶胀效果;相反,当采用很高浓度的 NMMO 的水溶液和很高的溶胀温度时,会导致纤维表面层迅速溶解,溶解层严重阻碍了溶剂进一步进入纤维素内部,结果也会造成溶胀总量减少,因此,研究温度对溶胀工艺的影响时,应该在一定的 NMMO 浓度的范围内进行。Lyocell 纤维制备中,所使用的 NMMO 的初始浓度一般在 72% ~ 85%,因此,采用这样的 NMMO 浓度来研究温度对溶胀的影响,其结果对生产工艺的制订才有实际意义。

温度对溶胀工艺的影响与 NMMO 浓度对溶胀工艺的影响不同,NMMO 浓度的变化对其溶胀程度的影响有一个明显的拐点,当 NMMO 水溶液的浓度低于一定值时,其自身的性质就决定了不具备有效溶解纤维素的能力,溶胀能力也大幅度下降。只有越过这一值,随着浓度的增加,其溶胀能力迅速增加。当 NMMO 的浓度确定后,而且是在具有溶胀能力的 NMMO 浓度下,温度将对其溶胀速度会产生明显的影响,温度越高,完成溶胀的时间越短。工业生产中,溶胀温度通常取在 80 ~ 90℃。溶胀过程是一个十分复杂的过程,除了溶剂浓度、溶胀温度外,浆粕的物理状态和聚合度分布等也会对溶胀工艺产生很大的影响。温度的控制可以从某些方面对浆粕的物理性能进行一些补偿。例如,对于密度大的浆粕可以适当提高溶胀温度,对于针叶浆,由于其结构较为致密,增加溶胀温度有利于溶胀。除了这些因素,一般的规律是溶胀速度会随着温度的增加而加速,纤维素达到最大溶胀比所需要的时间逐渐减少,而最终溶胀的程度基本相同。

工业生产中之所以选择这样的溶胀温度范围是基于以下几点考虑:过低的溶胀温度不利于下一道工序,在 NMMO/H_2O/纤维素组成的三相体系中,只有当 NMMO/H_2O 溶液中含水量小于 13.3% 时,才具有良好的溶解纤维素的能力,而此时溶液的熔点是 76℃,这便是溶液制备的低温极限,换言之,溶液制备的工艺温度必须在 76℃ 以上。虽然,在制订溶胀工艺时可以采用低于 76℃ 的条件,但溶胀工序是与溶解工序直接相连的,进入薄膜蒸发器的物料已经有了一定的黏度,它的传热非常困难,这就要求进入薄膜蒸发器的物料必须到达一定的温度,鉴于此,溶胀工艺的温度必须选择在 76℃ 以上,它一方面可以保证溶胀过程逐步缓和地进行,同时为下一道工序做好了准备。另一方面,溶胀工艺的高温限制需考虑溶胀过程的稳定性,实验表明,当采用浓度为 80% 的 NMMO 溶剂时,在 90℃ 溶胀温度下,浆粕块会迅速崩塌,过快的溶胀速度容易造成溶胀不均匀。此外,NMMO 对温度很敏感,尤其是停留时间较长时,而生产中,为了保证溶胀的均匀性,往往会采取较长的停留时间。温度越高,NMMO 越容易分解,长期处在高温下会使 NMMO 的分解反应加剧,因此,出于溶剂稳定性的考虑,则希望尽可能采用低的操作温度。溶胀的过程是溶剂和水不断进入纤维内部,破坏纤维素分子间氢键的过程,这一过程与溶剂分子的活泼程度相关,温度的升高有利于小分子的活动,也有利于纤维素分子的链段运动,高温能够加速溶胀的过程;但过高的温度又不利于溶剂的稳定性。综合考虑上述多种因素,实际生产过程中溶胀温度通常控制在 80 ~ 90℃。

5.2.3　时间对溶胀工艺的影响

溶胀时间与溶胀温度对溶胀工艺的影响有密切的相关性,通常人们称其为温度—时间效应,即提高温度和延长溶胀时间具有同等的效果。因此,从这一意义上说,研究溶胀时间时同样对于 NMMO 水溶液的浓度有一定的限制,即采用 73% ~ 85% 的初始浓度。

溶胀实验中,通过测定溶剂浸泡后的浆粕厚度的变化或浸泡在溶剂中的单纤维直径的变化来评估浆粕的溶胀性能,普遍的规律为起始阶段变化最快,而后越来越慢,最后达到平衡点,达到平衡的时间一般在 40 ~ 50min。徐虎等[2]用直接观察法测量了纤维素在溶胀过程中纤维直径随时间的变化,结论是:纤维素溶胀率随时间的增长而逐渐上升,溶胀率在开始阶段增加较快,而后,逐渐变缓,在 40min 左右达到平衡,此时,纤维素溶胀已经饱和,纤维素中单根纤维直径达到极限。李春花等[4]通过溶胀过程中浆粕厚度的变化研究了时间对溶胀工艺的影响。一系列实验表明,无论在什么温度条件下,都呈现先快后慢的规律,溶液中纤维素浆粕厚度随溶胀时间的延长而增大,当浆粕在 80%NMMO(质量分数)的溶剂中溶胀时,其厚度增加速度最快,在 10min 内,厚度几乎呈直线增加,而后浆粕厚度变化趋于平缓,到第 20min 时基本达到平衡。在这一条件下,纤维素浆粕的溶胀厚度几乎增加了 6 倍。实验中发现,各种不同浓度的 NMMO/H_2O 溶液,都能在一定时间内达到溶胀平衡,但达到溶胀平衡所需的时间有很大的不同,且浆粕厚度的变化程度也不同。

纤维素浆粕的溶胀过程可以粗略地分为以下几个层面。首先,是一种纯物理状态的分离,浆粕在制作过程中纤维被紧密压实,当有液体存在时,液体在纤维表面的浸润使纤维间发生分离,进而增加了纤维间的距离,而使浆粕块变厚。在实验中可以观察到,即便是纯水也能够使浆粕的厚度增加,且增加的速度很快。其次,是溶液进入纤维素自身具有的物理空隙,天然纤维素的结构并不是一个完美的构造,它具有多条能够让小分子进入的通道,当这些通道上充满溶剂时,浆粕的厚度就增加,显而易见,溶剂进入纤维间及纤维内物理通道相对容易,因此,它可以在较短时间内完成。再次,是溶液进入纤维素的无定形区域,纤维素紧密的结构与纤维素分子间形成的氢键有关。NMMO/H_2O 溶液能够不断破坏纤维素分子间的氢键,使纤维素分子间的空间不断扩大,从宏观上可以观察到浆粕厚度增加及纤维直径变大。溶胀的初期是溶剂分子迅速进入纤维素无定形区的过程。最后,溶剂分子会进入微胶束之间的空间,由于这部分结构不如晶区致密,因此,容易被溶剂分子所侵占,紧接着是溶剂进入晶区的外围,不断剥蚀晶区,由于纤维素结晶区域致密的结构使得溶剂分子较难迅速进入,它破坏氢键的过程只能逐步进行,形成了溶胀先快后慢,最终达到一定值的结果。而最终的破坏程度取决于溶剂分子破坏氢键的能力。换言之,如果没有足够的溶剂浓度,它就不可能有很大的破坏力,溶胀时使用的溶剂浓度都低于 87%,它还不具备完全溶解纤维素的能力,因此,只能表现为有限的溶胀。

在所选择的溶剂浓度和温度下,浆粕在溶剂中的溶胀曲线在 30min 后基本趋于平稳,为了保证溶胀过程的充分,工业生产上将溶胀时间控制在 40~50min。

5.2.4 纤维结构对溶胀工艺的影响

通过测定浆粕厚度和单根纤维直径的变化可以直观地了解浆粕在 NMMO 水溶液中的溶胀规律。而对经过各种不同溶胀条件处理的纤维进行 X 射线衍射扫描,可以为我们提供更多的信息,衍射强度的变化可以间接验证溶剂在纤维素内部深入的程度。

李春花等[4-5]对纤维素溶胀过程进行了研究,他们将在各种不同条件下充分溶胀的浆粕,用水清洗,除去 NMMO,再经抽滤和真空干燥后,剪成粉末,用 X 射线衍射仪测定其衍射峰强度。他们对不同溶胀温度和不同 NMMO 溶液浓度处理后浆粕的结晶度进行了研究,研究表明,纯水处理过的纤维素结晶度有所下降,但下降幅度很小,而随着溶胀温度的升高和 NMMO 浓度的增加,都会使浆粕的结晶度有明显的下降,结果如图 5-4 和图 5-5 所示。

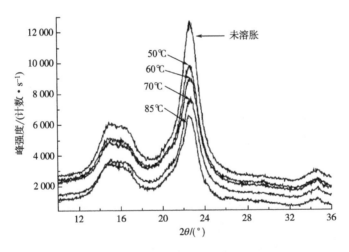

图 5-4 不同溶胀温度对纤维素结晶度的影响

经 NMMO 浸渍的纤维素,其非晶区充分吸收溶剂,溶剂破坏了纤维素分子间的氢键,随着纤维素分子间作用力的减少,进而使其空间不断变大。按照经典的高聚物聚集态模型,一个纤维素大分子可以贯穿于几个晶区和非晶区,因此,当非晶区的形态发生变化时,同时会影响到晶区的变化,但由于晶区的结构致密,它需要有较高的温度和较高浓度的溶剂才能有效地破坏晶区的结构。溶剂浓度的增加和溶胀温度升高都有利于溶剂进入晶区。而只经水浸渍的纤维素,虽然非晶区也充分吸收了溶剂,但它不具有破坏晶区结构的能力,换言之,水分子能进入无定形区使无定形区的空间增大,但

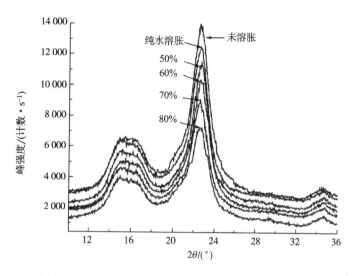

图 5-5　不同 NMMO 质量分数对纤维素结晶度的影响

没有很强的破坏晶区纤维素分子间氢键的能力,因此,晶区结晶度基本不发生变化,所以,纤维素的衍射峰强度和原样基本相同。

刘岩等[3] 对棉纤维在 NMMO 溶液中的溶胀条件进行了研究,使用不同浓度的 NMMO 在 90℃ 下溶胀 40min,测定的 X 射线衍射图表明,纤维素的基本结构没有改变,即仍然保留了纤维素 I 的结构,随着 NMMO 浓度的不断增加,纤维的结晶度有所下降,未处理的纤维结晶度为 67.35%,而经 60% 和 80% NMMO 溶液处理的纤维结晶度分别下降到 65.26% 和 62.5%。纤维经溶胀处理后,结晶度下降的结果充分说明了纤维素纤维在溶胀阶段结构的改变。一方面溶胀阶段纤维素仍然保留了大部分结晶结构,说明溶胀阶段尽管宏观上浆粕的厚度增加、单根纤维的直径变大,溶剂实际上尚未进入大部分结晶区域,结晶区域仍然保留了完整的结构;另一方面,结晶度有明显下降的事实也揭示了,确实已经有部分结晶被破坏,这也就解释了在溶胀的后期,物料开始发黏的现象。随着这一过程的深入,更多的结晶被破坏,最终形成了纤维素的纺丝溶液。

溶胀阶段纤维素纤维微观结构的变化还与溶胀方法有关,虽然,干法溶胀和湿法溶胀工艺在工业化生产中都有采用,溶胀效果都可以满足生产的需求,但两种溶胀工艺所获得的产物在微观结构上还是存在明显的差异。李婷[6] 用激光粒度仪对用上述两种工艺制备的纤维素溶液的粒径及分布情况进行检测,结果表明:干法溶胀工艺制备的纤维素溶液中,粒子的中粒径为 3.5μm,平均粒径为 3.79μm,粒径分布主要范围为 1.45~6.05μm;湿法溶胀工艺制备的纤维素溶液中,中粒径为 46.77μm,平均粒径为 44.26μm,粒径分布主要范围为 4.08~82.2μm。粒径分布如图 5-6 和图 5-7 所示。

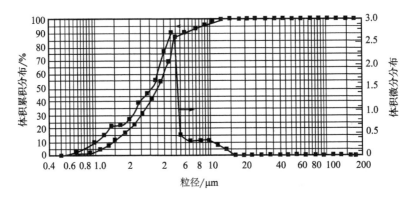

图 5-6　干法溶胀工艺制备的纺丝溶液中粒径分布图

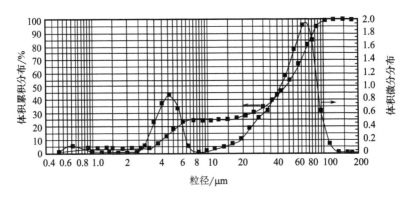

图 5-7　湿法溶胀工艺制备的纺丝溶液中粒径分布图

　　上述实验表明:干法溶胀工艺制备的纺丝溶液中,平均粒径明显小于湿法,其粒径分布范围也大幅度变窄。溶液中粒子的粒径尺寸及分布可表征纺丝溶液的均一性和过滤性,粒径尺寸越小、分布越窄,则表明溶液的均一性越优异,也会有好的纺丝效果。造成这种差异的根本原因在于,不同 NMMO 浓度的溶剂对纤维素的溶胀能力不同。在干法生产工艺中,用低浓度的 NMMO(73% 左右)与纤维素直接混合,低浓度的 NMMO 溶液对纤维素有良好的渗透性,但溶解能力仍然较差,此时的 NMMO 没有令纤维迅速溶断和鼓包的能力,溶胀过程会均匀地发生在整个纤维长度方向上,其后,通过脱水使溶剂浓度不断提高,溶胀和溶解能力不断增加,这一过程在较长的时间内完成,浆粕能够在溶解前得到充分的溶胀,故有较好的均一性和较少的大粒径纤维片段。湿法溶胀的过程中,尽管浆粕已经经过了浸压粉的预处理,其结晶部分几乎没有太大的变化,这说明浸压粉后浆粕中的水分主要是处在纤维的表层、纤维素自身的物理空隙及无定形部分,深入纤维内部的程度有限,因此,纤维素溶解前结晶结构的破坏仍然依靠 NMMO 溶剂来完成。在 NMMO 浓度对溶胀影响的讨论中已经提到,NMMO 浓度高到一定程度时,在纤维长度方向上会出现鼓包,甚至迅速溶断,最终能够令其全部溶解,纤维素之所以最终能够全部溶解是因为实验中采用了大大过的溶剂。实际生产过程中,纺丝溶液的配比中不存在过量的溶剂。在溶剂量比较少的情况下,一方面,高浓度溶剂与纤维素接触后,溶断或鼓包的现象仍然可能发生;另一方面,因为体系中溶剂量少,而使进一步溶解变得困难。湿法工艺中,经浸压粉后的浆粕是和高浓度的溶剂直接接触,在溶剂和纤维中的水没有达到平衡时,局部区域的高浓度 NMMO 足以溶解纤维素,这就有可能出现鼓包和溶断现象。这两种现象都有可能产生溶解不完善的大粒径纤维素片段。

5.3　溶解工艺及其影响因素

充分溶胀的浆粕通过进一步脱水,使 NMMO 对纤维素的溶解能力不断提高,当 NMMO 的浓度达到 87% 时,纤维素就进入了溶解区域。从分子结构理解,是纤维素大分子间氢键被破坏,当纤维素分子间可以产生相对移动时,便形成了可供纺丝用的纺丝溶液。纺丝溶液的制备是 Lyocell 纤维制造的核心技术,要制备高质量的纺丝溶液必须具有高效的溶解设备和相应的溶解工艺。

5.3.1　各类溶解设备的结构与特点

Lyocell 纤维的溶解方法可以是间歇釜式溶解、连续真空薄膜推进溶解、连续真空全混合推进溶解和连续双螺杆挤压机溶解等。间歇釜式溶解大都在实验室使用,这一工艺将浆粕和溶剂同时加入溶解釜中,通过脱水制成纺丝溶液。该方法简单、方便,溶胀和溶解在同一设备上完成,可以用于各种工艺条件的探索试验,但它不适合于规模化生产,因为 Lyocell 纤维的纺丝溶液通常有较高的黏度,传热效果差,NMMO 在高温下会产生种种副反应,进而随着停留时间的增加,不仅会使纺丝液的颜色加深,也会使纤维素的降解反应加剧。直观的结果是间歇反应完成后,起始获得的纤维和最终生产的纤维在质量和外观上会有明显的差别,这种差别随着完成一个纺丝周期的时间加长而增加。目前,在工业化生产中采用较为普遍的是薄膜蒸发器(降膜薄膜蒸发溶解釜),特殊设计的刮板保证了纤维素溶液与筒体有良好的热交换,使物料温度得到精准的控制。高温、快速脱水、强烈的界面更新使物料在薄膜蒸发器中迅速溶解。进而使设备持料量非常少(与其他设备相比),大幅度提高了设备的安全性。全混自清洁溶解釜是瑞士 LIST 公司开发的 Lyocell 纤维专用设备,设备设计为卧式,通过动刀和定刀的巧妙组合,使其具有自清洁功能,可以实现物料稳定平推前行,反应器内外,动静部件都可以通加热介质,使它具有很大的加热面积和均匀的传热效果。设备设置了两个真空脱水管道,物料可以在该设备完成从溶胀到溶解的全过程。由于溶胀和溶解过程在同一设备中完成,因此,它需要较长的停留时间,这也带来了设备中持料量较大的缺点。设备持料量大使进一步增加产能变得困难。我国上海里奥千吨生产线采用了该技术,印度博拉公司5000吨装置是至今报道采用该工艺最大的生产装置。双螺杆溶解技术是韩国晓星公司开发的一种技术,它利用超细粉碎技术,将粉碎后的浆粕直接与高浓度的NMMO溶液混合,无需脱水,一步完成溶解。从工艺的角度看最为简单,但由于高浓度的NMMO直接与浆粕相遇很容易迅速溶解而生成溶液膜,溶液膜有可能阻碍溶剂在纤维内部均匀地渗透和溶胀,因此,在产品质量和生产能力方面仍存在一定的缺陷,属正在开发阶段的一种技术。

5.3.1.1　薄膜蒸发器

薄膜蒸发器(thin film evaporator)是一种常用的蒸发提浓设备,它是将一种液体物料沿加热管壁呈膜状流动而进行传热和蒸发的新型蒸发器,薄膜蒸发器具有传热效率高、蒸发速度快、物料停留时间短等优点,被广泛应用于制药、食品、化工等行业。

由于薄膜蒸发器特殊的蒸发形式,使它在处理易结垢物料和高黏度物料方面呈现了特别的优势,尤其是良好的传热效果和超大的蒸发面积,使物料能够在最短时间内完成加热和脱除低沸点物的过程,因此,对于加工热敏感的物质特别适宜。Lyocell 纤维的纺丝溶液具有很高的黏度,纤维素和溶剂NMMO都具有对热敏感的特点,因此,薄膜蒸发器特别适宜于制备 Lyocell 纤维的纺丝溶液。薄膜蒸发器的机械结构如图 5-8 所示。

薄膜蒸发器通常由驱动电动机、变速器、钻子、刮板、进料口、布料器、分离筒、汽液分离器、蒸发筒体、出料口等组成。刮板通常由多组形状特殊的金属件构成,并按照一定的排列方法固定在转子上。物料由进料口导入,在分料器中均化后,送入薄膜蒸发器的上部,刮板将物料在筒体上铺成膜,筒体的高温

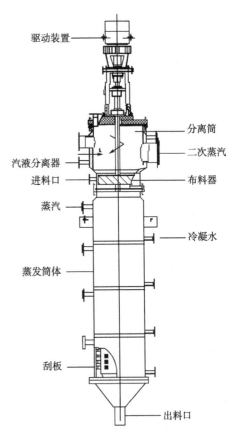

图 5-8　薄膜蒸发器的基本结构

使物料中的水分迅速蒸发,并由刮板不断向下推进,水分被蒸发后,形成的蒸汽流上升,经汽液分离器进行汽液分离,分离室有较大的空间,使气流速度迅速降低,部分被二次蒸汽夹带的纤维素细粒被分离并返回蒸发器的布料口,分离后的蒸汽流流向蒸发器的顶部进入外置冷凝器。薄膜蒸发器的工作原理如图 5-9 所示。

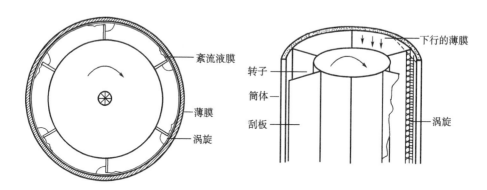

图 5-9　薄膜蒸发器的基本结构及流体流动模型

　　薄膜蒸发器中物料受到多种力的作用,因此,物料的流态十分复杂。Lyocell 纤维制备中,由于进入薄膜蒸发器的纤维素尚未溶解,是一个液固共存的状态,因此,使其流动状态进一步复杂化。薄膜蒸发器中的物料通常认为受到两个力的作用,一个是由刮板提供的切向力,另一个则是物料自身的重力。物料在薄膜蒸发器中的流动是这两个力共同作用的结果。如图 5-9 所示,物料的流态可以分为 3 个区域:在刮板前形成的涡旋,特殊设计的刮板可以使物料呈螺旋状向下流动,向下流动的速度与形状取决于刮板的角度和转子的速度。Lyocell 纤维制备中使用的刮板不是一个整板,而是由多块小板组成,上一块板形成的涡旋由下一块板接续;刮板的后缘则会形成紊流液膜。处于紊流状态的物料中的各个质点作无规则的运动,使物料得到充分的混合,由于薄膜紧贴着薄膜蒸发器的加热筒壁,充分混合的过程也将热量均匀地传导给物料。紊流液膜的行程并不长,刮板的切向力消失后,紊流就逐渐变成层流液膜,层流液膜会在重力作用下向下移动。形成涡旋对传热和传质都很重要,而形成涡旋需要刮板有一定的线速度,因此,Lyocell 纤维制备过程中,转子速度必须控制在一定的范围内,它也是调节产能的一种手段。

　　为了保证物料在薄膜蒸发器中有足够的停留时间,薄膜蒸发器的蒸发筒体通常有较大的长径比,为了制造方便,筒体都是分段加工组装而成。分段加工的另一个目的是便于温度控制,每段独立温度控制可以适应于 Lyocell 纤维生产工艺的需求。由于物料经过每一段时的蒸发量有很大的差异,对于供热的要求也不同,采用分段加热可以有效控制物料的温度。刚进入蒸发器物料的含水量最大,因此,蒸发器的上部需要更多的热量以供蒸发,随着大量的水被蒸出,越往下,蒸发的水量就越小,同时,物料的黏度越来越高,高黏度的物料在机械力的作用下,会使物料温度上升,因此,在某些情况下,蒸发器的下部已经无需太多的外来热源,甚至需要降温。分段温度控制可以灵活调节工艺参数。由于物料在蒸发器中停留时间很短,因此,Lyocell 纤维生产中,为了达到较高的产量,薄膜蒸发器筒体的温度甚至可以高至 150℃。高温促使纤维素迅速溶解,缩短了溶解时间,物料在经受短暂高温后,再采用适当的降温方法,可以有效地利用薄膜蒸发器的能力。

将薄膜蒸发器应用在 Lyocell 纤维的溶液制备中是兰精公司首创,他们也在这一领域申请了多项专利,由于该项技术已经有二十多年的历史,其大多数专利已经过了保护期。薄膜蒸发器是目前最为先进的 Lyocell 纤维纺丝液制备的设备。它充分利用了薄膜蒸发器的优点,克服了 Lyocell 纤维纺丝液黏度高、传热困难、NMMO 对热敏感等问题。该设备由于具有超大的蒸发面积和卓越的传热性能(以大的加热面加热薄膜状的物料),使得纤维素溶解过程可能在很短时间内完成(通常为几分钟到十几分钟)。即便是工业化的大型设备其持料量也非常少,因此,具有很高的安全性。运行可靠、高效也使该技术路线具有最好的技术经济性。

5.3.1.2 自清洁全混蒸发器

瑞士利斯特技术有限公司(LIST Technology AG)是一家著名的机械制造公司,擅长生产加工、处理高黏度物料的各类机械。该公司的核心技术由海因茨·利斯特于 50 多年前开发完成,其主要产品为捏合反应器,广泛应用于化学工业、合成材料的制备、合成材料的回收再利用等领域。1992 年该公司与德国的 TITK(Thuringain Institute for Textile and Plastic Research)合作,开始研究和开发用于 Lyocell 纤维制造的设备。德国的弗劳恩霍夫研究所(Fraunhofer Institute Fur Angewandte)参与了相关的工艺研究。经过近 6 年的努力,于 1998 在德国鲁多尔施塔特的 Alceru 有限公司(Alceru GmbH, Rudolstadt)和印度纳格达的 Grasim 工业有限责任公司(Grasim Industries Ltd,Nagda)分别建成 300~400 吨/年的中试生产线。2000 年开发出了第三代技术,并在我国东华大学和德国聚合物应用研究所(Fraunhofer Institutfür Angewandte Polymerforschung)分别建成 50 吨/年实验装置。2005 年上海利用利斯特开发的溶解设备和德国苏拉集团巴马格公司提供的纺丝设备,由德国 TITK 技术专家提供工艺基础设计,建成了第一条半工业化的生产线,生产能力为 1000 吨/年。其后印度博拉集团利用第三代技术建成了5000 吨/年的生产线。

利斯特和 TITK 共同开发的 Lyocell 纤维生产设备有两个不同的型号,早期开发的生产设备由两台设备组成,即在第一台设备上完成溶胀过程,第二台设备上完成溶解。后期利斯特公司开发了单釜设备,通过特殊设计的机械装置可将溶胀和溶解在同一设备上完成,这两种设备各有其特点,适用于不同的场合。双釜技术的工艺流程如图 5-10所示。

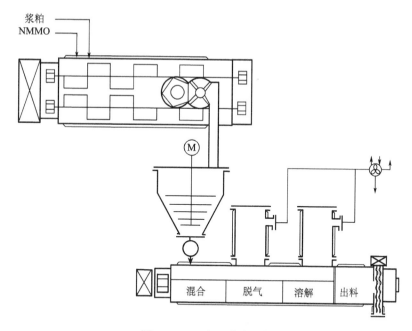

图 5-10　双釜工艺流程图

　　该设备的工艺流程是:浆粕和溶剂 NMMO 按一定比例进入混合/捏合装置(亦称溶胀釜)。溶胀釜为卧式、双轴结构,具有自清洁功能,溶胀釜外套、中心轴及浆叶都可以通加热介质,有良好的传热效果。溶胀釜工作压力为常压,浆粕在 80~85℃下完成与溶剂的混合,并通过反复捏合使浆粕得以充分溶胀。溶胀后的物料进入中储釜,中储釜一方面可用作物料的平衡,另一方面可以使物料进一步的溶胀。溶解釜为卧式、单轴结构,在真空下工作,中心轴带有多个动刀,与设置在筒壁上的定刀共同作用,完成自清洁的功能,溶解釜筒体和中心轴内部都可以通加热介质,使其也具有良好的传热效果。由于是全混式推进,在真空段脱水、脱泡、溶解时,蒸发面积由卧式推进过程中半充满状态的液面所决定,即暴露在真空状态下的液面为一矩形液面,实际上,液面的面积决定了该设备的生产能力。其工作温度通常在 90~120℃,压力在 600Pa 左右。溶胀后的物料进入溶解釜后在真空和温度的共同作用下,水分被蒸发,NMMO 的浓度不断提升,当达到一定 NMMO 浓度后,浆粕就开始溶解,这一过程连续进行,由于物料处于平推流状态,因此,待物料抵达溶解釜的后半部分时,纺丝液已经形成。纺丝液通过齿轮泵导入下一纺丝工序。由于溶解釜和溶胀釜处在不同的气压条件下,因此,为了使中储釜中的物料顺利下达到溶解釜中,中储釜和溶解釜之间必须有特殊的物料输送系统,利斯特公司采用了柱塞泵,使得在输送物料的过程中仍能够保持溶解釜真空状态稳定。

为了使设备具有更好的经济性,利斯特又开发了单釜体系,这使得 Lyocell 纤维的生产工艺进一步的简化,单釜体系的工艺流程如图 5-11 所示。

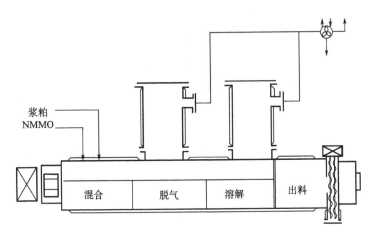

图 5-11　单釜工艺流程图

设备为单轴,配有真空系统,溶剂和浆粕首先进入溶解釜的混合溶胀段,在此完成溶胀,溶胀后的浆粕在真空和温度作用下,逐渐脱水而开始溶解,而后经过匀化段,最后,由齿轮泵将料输送至下一工序。

该设备中设计了两个不同的加工区域,第一个区域是悬浮液区,这一区域设备通过热传导来精确控制料温。第二个区域是溶解区,溶解区中又进一步分 A 段和 B 段,浆粕在 A 段完成溶解,进入 B 段后加以匀化,这一区域的温度主要通过机械能的输入加以控制。物料在溶解釜中的黏度有明显的变化,在悬浮液区,浆粕处于液固两相的溶胀状态,因此,黏度很低;进入溶解区后黏度迅速增加,达到匀化区后动力黏度略有下降,其原因是此时的物理黏度已经很高,高黏度造成了传热困难,因此,纺丝溶液进入匀化区后温度会不断增加,温度增加导致了动力黏度的下降。物料在单釜设备中的温度和黏度变化情况如图 5-12 所示。

该工艺最大的优点在于其灵活性,它可以采用各种不同的原料,可保证其有良好的产品质量。当使用不同的原材料时,单釜体系可以通过调节溶胀时间来满足工艺需求。另一个特点是转速的调节可以独立于产量,换言之,调节转速不影响产量。这一功能为工艺的能量平衡提供了有效的控制。单轴工艺也为差别化纤维的生产提供了良好的条件,在悬浮区可以与溶剂一起添加各种改性剂。封闭的设计和较低操作温度也使 NMMO 的损耗减少,提高了溶解回收率。该设备还对安全问题做了充分的考虑,NMMO 在高温下容易产生分解,分解产物又会进一步促进分解反应,结果有可能造成爆炸。单釜体系设置了一系列的温度传感器,当温度超过一定值时,设备会启动紧急停车,届时,会迅速导入大量的冷水,使体系迅速降温而终止分解反应。

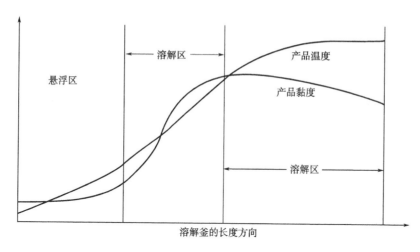

图 5-12　溶解釜长度方向上的温度和黏度变化曲线

　　利斯特对以上两种设备应用范围作了介绍,他们认为两釜体系适合于大产能的生产线,其最大的单线产能可以达到 15000 吨/年;而单釜体系适用于小产能的生产线,包括生产 Lyocell 长丝和差别化 Lyocell 纤维等。

　　利斯特设备在温度控制、自清洁及其制造精度等方面给人印象深刻,由于良好的捏合作用和自清洁功能使产品质量得到保证。大容量的物料可以直接调节生产线的物料平衡。然而,这一工艺最大的问题是物料在设备中的存量,纤维素纤维是一种天然产物,结构紧密,要使其溶胀和溶解完全、彻底,就需要有足够的时间保障,也就是说,物料在溶胀釜和溶解釜中必须保证足够的停留时间,据了解千吨级的 LIST 溶解装置其长度已达 6m 以上,物料停留时间长达 2h,溶解釜中持料量超过了 5 吨,设想如果要建造一个十倍于千吨溶解釜的设备,其持料量会高达 50 吨之多,高持料量对 NMMO 溶剂体系是一个非常不利的因素。它会带来了一系列的问题,首先是设备制造的难度大,制造成本高;其次是持料量大,安全系数大幅度降低。总体来说,连续真空全混合推进溶解的技术经济性和安全性不及连续真空薄膜推进溶解。

5.3.1.3　双螺杆

　　双螺杆技术是由韩国科学技术研究院和韩国晓星株式会社联合开发。采用双螺杆挤压机为溶解主设备,以不含过量水的 $NMMO/H_2O$ 溶剂直接溶解高度粉碎的纤维素浆粕(最大粒径不超过 $500\mu m$)。该方法首先要实现浆粕的高度粉碎,其次要解决不含过量水的 $NMMO/H_2O$ 溶剂熔点高易导致溶胀过快,形成白芯及易吸潮而导致溶解不良的问题。凝聚粒子多、可纺性差始终是该方法存在的最致命弱点。同时,由于该单机容量有限,还存在设备投资大而运行成本高以及技术经济性差的缺点。我国湖北引进了该技术,建成了 5000 吨/年的生产线,但其产品未见在市场上销售。

5.3.2 温度对溶解工艺的影响

溶解温度的选择首先要考虑 NMMO 水溶液自身的特点,仅就温度对溶解的影响而言,温度高,有利于纤维素和 NMMO 分子的运动,能够加速溶解过程,也有利于降低纤维素溶液的黏度,因此,对物料的热传导和输送都有利。但在实际生产中,所采用的工艺温度既不能过低,也不能过高。NMMO 水溶液的熔点会随溶剂浓度的提高而升高,溶解的工艺温度必须高于溶液的熔点。不能采用过高的温度和 NMMO 分解温度相关,实验表明,当温度超过 130℃时,NMMO 的分解反应明显增加。因此,为了保证生产过程的安全性,必须将溶液温度控制在 130℃以下。

工业生产中,溶解是紧接在溶胀后的一个连续工艺过程,故这个中间产物的纤维素浓度、温度、NMMO 浓度等都已经处在一定范围内,物料在进薄膜蒸发器前,纤维素的浓度一般在 11%~12%,温度在 80~90℃,NMMO 的浓度约为 80%。溶解阶段是通过继续脱水,提高 NMMO 浓度的过程。由于 NMMO 溶液的熔点与其浓度相关,这也意味着随着 NMMO 浓度的提高,其熔点也在不断提高,工艺控制就必须保证被加工的物料始终处于液体状态。由 NMMO/H_2O 的相图可见,随着溶液中水分的不断减少,熔点快速上升,当水分减少到 10%左右时,熔点就上升到 100℃,随着水分的继续减少,熔点还会进一步升高,纯 NMMO 的熔点高达 184℃。实验中经常会遇到一种现象,在 100℃左右溶解工艺条件下,当操作不当,脱水过多时,脱水设备的功率会迅速增加,已经形成的溶液变成了坚硬的块状物,不再具有流动性,其可能的原因是操作温度已经低于 NMMO 水溶液的熔点,故物料进入固体状态。正因为如此,我们所能采取的方法,要么在保证其有足够的溶解能力的前提下,将 NMMO 的浓度控制在一定的范围内;要么将工艺温度进一步提高以防止 NMMO 溶液的固化,但提高纺丝溶液的温度对 NMMO 的稳定性不利。实际生产中,采用了第一种方法,即将 NMMO 浓度控制在 87%左右,在这一浓度下,NMMO 溶液对纤维素有很好的溶解能力,同时,还能保证有一定的操控余地。

不同的设备对温度的要求也有所不同,薄膜蒸发器由于物料在设备中停留时间短,因此,可以采用高的加热温度,其加热温度甚至可以高达 150℃,当然,由于停留时间短,物料的真实温度不会达到 150℃。温度加速了溶解过程,可进一步缩短停留时间,这一措施可提高设备的生产能力。尽管高温会带来一些风险,但由于时间短,物料从薄膜蒸发器排出后直接与冷却器相连接,可使物料温度迅速下降,较好地解决了生产线的瓶颈问题。LIST 设备或双螺杆设备不能采用过高的工艺温度,因为这类设备的脱水面积较小,NMMO 溶液浓度的提高需要较长的时间,为保证溶解的均匀性,必须采用低温加较长停留时间的工艺。

NMMO 是一种氧化剂,化学性质活泼,对温度敏感。实验表明,NMMO 水溶液在

120℃时,便出现明显的变色反应,溶剂的变色是由于溶剂分解反应产生了带色基团,在生产中它将直接影响所生产纤维的颜色。副反应的发生不仅会增加溶剂回收的负担,还会明显影响 NMMO 的回收率。实验表明,如果进一步将 NMMO 加热到175℃时,NMMO 可完全分解,分解产物有甲醛、甲酸、N-甲基吗啉、甲基吗啉、二氧化碳等,NMMO 在纤维素存在下,情况更为严重。所以,纤维素溶液的温度不宜超过120℃,纤维素溶液长时间超过120℃,极易产生纤维素的降解,甚至经一系列的连锁反应而发生爆炸。因此,溶解温度通常控制在100℃左右。

5.3.3　纺丝溶液的质量控制要点

纺丝溶液质量控制是纤维生产的重要环节,只有溶解充分、质地均匀的纺丝溶液才有可能获得高质量的纤维。控制纺丝液质量的参数很多,如温度、NMMO 浓度、真空度、脱水量、扭矩和折光率等。其中最为重要的是 NMMO 浓度和温度,因为只有浓度大于87%的 NMMO 才有良好的溶解纤维素的能力,它是纤维素溶解的必要条件,而达到这一 NMMO 浓度又是一个动态的过程,不可避免地会有波动,因此,一旦确定了最终的 NMMO 浓度的目标值,就要通过一系列自动控制手段将其浓度的波动值控制在最小的范围内。而温度能够直接影响纤维素的溶解速度。温度越高,溶解速度越快。温度还与纺丝液的流变性相关,它又反过来影响其热传导和运动轨迹。物料温度的改变来自两个方面,一方面来自设备提供的热源,通过热传导,根据提供热源的量使物料温度上升或下降;另一方面则来自薄膜蒸发器的刮板的机械作用,即由机械能转换而来的热。物料在薄膜蒸发器的各个位置也有着完全不同的升温状况,在薄膜蒸发器的上部,由于水分的大量蒸发,尽管设备提供了大量的热量,由于蒸发吸收大量的热量,因此,物料的温度不高。随着物料不断向下推进,物料的水分不断减少,蒸发量也不断减少,使物料温度不断上升,温度加速了物料的溶解;随着溶解的纤维素量不断增加,物料的黏度不断提升,传热越来越困难,强烈的机械作用力所产生的热加剧了物料的升温。因此,在薄膜蒸发器的下部不再是给物料加温,更希望是通过温度的平衡使其控制在合理的范围内,这些工作一方面需要工程技术人员的大量经验,更重要的是在这些经验基础上实现精准控制,使物料的温度能够控制在合理的范围内。总之,只要将温度和 NMMO 浓度控制在一定的范围内就能够实现稳态生产。NMMO 浓度的控制通常是通过测定溶液的折光指数(也称折光率或折射率)来实现。

折光率是物质的特征常数,一定温度下,纯物质具有确定的折光率。混合物也有折射率,其大小与组成有关。通过物质折射率的测定可以了解物质的组成、纯度和结构。对于一个质地均一的物质,在阿贝折光仪上可以看到一半黑、一半白的投影,因为一个单色光通过一个物质时,它可以通过临界角以内的区域,故是白的,而临界角以外的区域因为没有光线通过,故是黑的,其中间的界限是分明的,调整至清晰的界面后,便可以读取其折光率。当溶液中存在尚未溶解的纤维时,会造成溶液的局部浓度不均匀,光路在通过这些区域时会造成亮区和暗区的界限模糊。阿贝折光仪可以用来测定纤维素溶液的浓度,也是用来判断纤维素是否完全溶解的一种便捷的方法。

对于溶液,当溶质的折射率大于溶剂时,溶液的浓度越大,折射率越大,反之亦然。甲基氧化吗啉的折光率为 1.422,而水的折光率是 1.3330。因此,纯甲基氧化吗啉水溶液的折光率应该在 1.3330~1.422 范围内。纺丝溶液是一个三元体系,由纤维素、甲基氧化吗啉和水组成,为简化,不妨将甲基氧化吗啉水溶液视为一种溶剂,将纤维素作为溶质,纤维素的折光率为 1.5240,由于能够溶解纤维素的 NMMO 的浓度必须大于 86%,而 86% 的 NMMO 的折光率约为 1.4720,因此,纤维素纺丝溶液的折光率应该在 1.4720~1.5240。通常 11% 纺丝溶液的折光率在 1.486 左右。

顾广兴等[7]对 NMMO 体系中纤维素浓度与折光率之间的关系进行了研究,结果如图 5-13 所示。

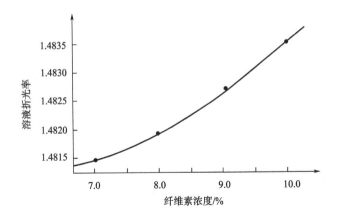

图 5-13 纤维素浓度与折光率之间的关系

由图可见,纤维素浓度与折光率并不完全呈线性关系。随着纤维素浓度的增加,溶液的折光率呈增加的趋势,但在浓度较低的一侧,折光率增加较慢,在较高浓度时,增速加大。因此,在生产过程中,当浓度和温度等因素都确定时,监测折光率可以作为纺丝溶液质量控制的重要参数,它一方面可以提供纤维素溶解的状况,另一方面又可以告知 NMMO 水溶液的浓度。折光率的测定可以取样后离线测定,也可以在生产线上安装在线折光测定仪,获取连续、即时的折光率的变化信息,它将有助于溶液质量的在线控制,甚至将其作为自动控制的一个参数与其他机构联动。

纺丝溶液的温度、黏度、折光指数等都可以作为控制溶液质量的依据,现代化的生产设备上通过一系列的自动控制设置来达到稳定纺丝溶液质量的目的。例如,在纺丝溶液出口处安装在线折光指数仪,通过折光指数的变化来监测和调控生产过程。由于纺丝溶液溶解程度与纺丝液的黏度有直接关系,因此,薄膜蒸发器的扭矩也可以作为控制纺丝液质量的参数。另外,由于在进料量确定的情况下,出水量直接反映了溶剂的浓度,因此,也可以作为重要的控制参数,而所有这些控制手段都是围绕着 NMMO 的浓度和溶液温度而设置的。

5.4　纺丝工艺及其影响因素

化学纤维常见的纺丝方法包括熔融纺丝、湿法纺丝、干法纺丝及干喷湿纺(又称干湿法纺丝)。对于热熔性聚合物可以采取熔融纺丝方法,而非热熔性聚合物或热敏感的热融性聚合物只能通过先将聚合物溶解在某种溶剂中制成纺丝溶液,而后,通过干法或湿法纺制成纤维。纤维素在熔融前已经开始分解,因此,不能采用熔融纺丝的方法(酯化后的纤维素可以采用熔融纺丝的方法)。

纤维素纺丝工艺的选择与纺丝液的黏度直接相关,而纺丝液的黏度又与诸多因素相关联,例如,溶液中的纤维素含量、纤维素的聚合度、纺丝液温度等都会影响纺丝液的黏度。低含量纤维素或低聚合度纤维素制成的纺丝液具有较低的黏度,它有利于纺丝,但经济性不佳。纤维素含量的增加或使用高聚合度的纤维素都会导致纺丝液黏度迅速增加。因此,人们总是希望在确保纺丝工艺顺利进行的同时,尽可能地提高纺丝液中纤维素的含量。黏胶纤维通常采用湿法纺丝工艺,因为黏胶纺丝液中不仅纤维素的含量低(纤维素含量在 7%~9%),而且,经老成后的纤维素聚合度也比较低(400 以下),低聚合度和低溶液中纤维素含量导致黏胶纺丝液具有较低的黏度(落球黏度在 50~80s,5~6Pa·s)因此,黏胶纤维可以采用湿法纺丝工艺。湿法纺丝的特点是喷丝孔的孔径小,喷头拉伸小,其纺丝速度受到一定的限制。Lyocell 纤维的加工过程是一个纯物理过程,理论上讲,除了少量的热降解外,纤维素在加工过程中聚合度基本不变化,而 Lyocell 纤维使用的浆粕聚合度一般在 600 以上,NMMO 水溶液对纤维素具有很好的溶解能力,其纺丝液的纤维素含量可以高达 25%,高浓度带来的是极高的溶液黏度,过高的溶液黏度显然不可能实现产业化。工业生产中,综合考虑了多种因素,通常采用 12%左右的纤维素浓度,即便在这个浓度下,纺丝液的黏度仍然要比黏胶纤维高得多。在 100℃的溶解温度下,纺丝液的黏度可以高达 2000~3000Pa·s。这样高的黏度已经无法采用与黏胶纤维类似的湿法纺丝工艺。Lyocell 纤维采用的是一种干法与湿法相结合的方法,纺丝液从喷丝头挤出,先经过一段空气浴,在此空间内强大的冷却风使丝条迅速冷却,并初步成形,这一阶段的纺丝过程与熔融纺丝十分相似,然后,进入凝固浴槽,凝固浴液是低浓度的 NMMO 水溶液,丝条进入凝固浴后通过双向扩散,形成初生纤维,这一段又与湿法纺丝相似,因此,干喷湿纺工艺实际上是熔融纺丝和湿法纺丝两种方法的结合。与一般湿法纺丝比较,干喷湿纺的设备可以承受更大的纺丝压力并采用孔径较大的喷丝孔,因此,它更适应于浓度较高、黏度较大的纺丝溶液。干喷湿纺是 Lyocell 纤维普遍采用的一种纺丝方法。

5.4.1 Lyocell 纤维纺丝溶液的流变性

流变学是一门研究流体在受到外力作用时产生形变和流动的科学。对于 Lyocell 纤维溶液体系,通过流变学的研究可以了解纤维素溶液的组成、聚集态结构等因素对流变性的影响,进而科学地指导加工工艺的制订。聚合物溶液的流变性也是溶液输送管道和喷丝板设计的基础。

流体在受到外力作用时,会产生与外力方向并行的流动,所受到的力称为剪切应力,应力作用下的变形称为应变,因为流体产生的应变是流动,而且这个流动是不断变化的。因此,常用单位时间的变化量来描述,即形变速率,其物理意义是物体流动时,流体内部在垂直于运动方向上的速度梯度。黏度则是剪切应力和形变速率之比,黏度的大小表征了流体运动时的内部摩擦力,即流体在外力作用下黏滞阻力的大小。其表示式为:

$$\sigma = \eta_0 \cdot \varepsilon \tag{5-1}$$

式中:σ 为剪切应力;η_0 为牛顿黏度(Pa·s);ε 为应变速率。

根据式(5-1),一种液体当剪切应力与应变速率成正比,即应力对应变速率作图得到的是一直线时,这类流体被称为牛顿流体,其应力—应变图直线的斜率即为黏度。也就是说,当施加于这类液体的剪切应力增加时,应变速率也同步呈线性增加,黏度值保持不变,是一个常数。当然,实际上流体或多或少地会偏离牛顿流体,应力和应变速率不再存在直线关系,即黏度会随着剪切速率的不同而发生变化。有的液体黏度会随着剪切速率的增大而下降,称为切力变稀;也有少数的液体其黏度会随着剪切速率的提高而提高,称为切力变稠。Lyocell 纤维的纺丝溶液属于切力变稀型。

当一个流体的应力应变不能满足式(5-1)关系式,且黏度随剪切速率的变化而变化,不再是一个常数时,这类流体称为非牛顿流体。它可以用式(5-2)来描述。

$$\sigma = K \cdot \varepsilon^n \tag{5-2}$$

式中:σ 为剪切应力;K 为浓度系数;ε^n 为应变速率。

式(5-2)中的 n 称为流动指数或非牛顿指数,不难看出,当 n 等于 1 时,它就是牛顿流体公式,式中的 K 就是式(5-1)的 η。对于切力变稀的流体而言,n 值在 $0<n<1$ 范围内。n 越靠近 1,流体的性质越接近牛顿流体。这里需要特别注意的是,浓度系数 K 本质上代表的还是一个与流体黏度相关的量,所不同的是在牛顿流体中 η 黏度是个常数,在非牛顿流体中 K 不再是一个常数,可以理解为它是在某一特定条件下的黏度。

因此,当讨论非牛顿指数时有一个前提,它是指特定 K 值下的非牛顿指数,而 K 值是特定剪切速率和温度下所测定的黏度,因此,对于某一溶液体系,非牛顿指数不是一个定值。同一种材料,在某一剪切速率范围内 n 不是一个常数,剪切速率越大,材料的非牛顿性越显著,其值越小。此外,温度下降、分子量增加及加入填料等都会使 n 值变小,即非牛顿性增加。

高聚物溶液体系非牛顿流体的理论解释认为:在黏流状态下,流动的基本结构单元是链段,而不是整个大分子的运动。大分子链段是通过相继跃迁、分段位移来完成的,因此,分子的结构单元是影响聚合物流动的重要因素,因为链段的活动能力与分子链的柔软程度相关。尽管参与流动的基本单元是链段,但要使溶液产生流动最终一定是分子间产生了相互滑移。因此,它还与分子间的作用力相关,分子间作用力越大,阻碍流动的力越大,液体就不易流动。大分子之间作用力通常都归结于分子间的相互缠绕。缠绕使分子间的相对移动变得困难。而这种缠绕与剪切速率相关,当处于低剪切速率时,分子间的解缠与分子间的再次缠绕处于平衡状态。随着剪切速率的增加,大分子产生有序的取向,缠绕概率大大降低,因为大分子缠绕是通过链段运动造成的,这些运动需要有一定的响应时间,当剪切速率提高到一定程度时,链段运动跟不上响应,只有解缠,而没有再缠绕的发生,表观的结果是黏度下降。通过这一变化区域后,强大的剪切应力使缠绕和解缠都不发生,于是表观黏度又成定值。人们还把非牛顿流体的应力—应变速率曲线分成三个区域,即第一牛顿区、幂律区和第二牛顿区。在第一牛顿区内流体呈现牛顿流体的特征,黏度是个常数;在幂律区,由于解缠速度大于缠结速度,流体表观黏度随剪切速率增加而减少,即切力变稀区;在第二牛顿区,剪切速率的增加不再引起黏度的增减,表观黏度维持恒定。

对于 Lyocell 纤维体系,纤维素分子不仅聚合度高,而且具有结构刚性的链段,更重要的是分子间作用力除了分子间缠绕外,还包括强大的氢键。因此,氢键是影响纺丝溶液流变性的重要因素,或者说分子间作用的根源在于分子间形成的氢键,它的流变性能的变化是氢键的破坏和重构的结果。低剪切速率下,氢键的破坏和重建处于平衡状态,随着剪切速率的增加,分子取向增加,原有的分子间紧密结合的氢键结构被破坏,NMMO 分子的介入削弱了纤维素分子间的作用力。由于 NMMO 分子与纤维素分子可以形成比纤维素内部氢键更为强大的氢键,使分子间的作用力显著下降,从而使溶液的黏度下降。随着剪切速率的进一步提高,分子间作用力不再是影响流动的主要因素。

对于非牛顿流体来说,非牛顿指数的大小反映了流体在高剪切速率条件下切力变稀的程度,因此,它对于管道设计和喷丝孔的设计有重要的参考意义,非牛顿指数可以通过一系列的实验获得。

当高聚物溶液处在黏流温度以上时,溶液的黏度遵循 Arrhenius 公式:

$$\eta_{0,T} = K^{\frac{E_\eta}{RT}} \qquad\qquad (5-3)$$

式中：$\eta_{0,T}$ 为温度 T 时的零切黏度；K 为材料常数；R 为气体常数；E_η 为黏流活化能（J/mol）。

零切黏度是当剪切速率趋于零，非牛顿指数 $n=1$ 时的表观黏度。它与剪切速率无关，是溶液的一个特征参数。对于非牛顿流体，其第一牛顿区内流体呈现了牛顿流体的特征。因此，低剪切速率下直线段的斜率外推至剪切速率为零时的黏度为即零切黏度。利用流变仪可以测得在不同的温度下的零切黏度值。

Arrhenius 公式经数学处理，可得到另一个表达式：

$$\lg\eta_{0,T} = \lg K + \frac{E_\eta}{2.303RT} \qquad\qquad (5-4)$$

以 $\lg\eta_{0,T}$ 对 $1/T$ 作图，其直线斜率就是黏流活化能。

黏流活化能是聚合物分子克服链段之间的分子作用力所需的最小势垒。由于影响链段之间分子的作用力有多种因素，因此，凡是影响大分子链段运动的因素都会影响其流动活化能，例如，不同聚合度、不同聚合度分布的纤维素都有不同的黏流活化能。聚合物的黏流活化能大小可以用来预示该溶液对温度的敏感性。不难理解，需要克服分子间运动的势垒越大，对温度的敏感性越大，一系列的实验也表明黏流活化能会随着纤维素聚合度的增加而增加，聚合度为 700 左右的纤维素(棉浆粕)的黏流活化能为 36kJ/mol，当聚合度增加到 1370 时，黏流活化能增加到 56kJ/mol。杨秀琴等人[8]研究了不同浓度的纤维素溶液的黏流活化能，其结论是随着纤维素浓度的增加，黏流活化能有下降的趋势，5% 的纤维素溶液的黏流活化能为 64.5kJ/mol，而 8% 的纤维素溶液的黏流活化能就下降到 41.9kJ/mol，这也就意味着，随着纤维素溶液浓度的提高，黏度对温度的敏感性下降。

纤维素溶液的黏度是非常重要的溶液性质之一。温度、纤维素浓度和聚合度都会对纤维素溶液的黏度产生显著的影响，因此，可以通过控制和调节这些参数，使纺丝溶液的黏度处在理想的范围内。

由于非牛顿流体的黏度随剪切速率和剪切应力而变化，所以人们用流动曲线上某一点的剪切应力与剪切速率之比来表示在某一点时的黏度，这种黏度称为表观黏度，用 η_a 表示，它体现的是流体内部阻力的总和，即表观黏度除了物体的不可逆流动，还包括了高聚物常有的可逆弹性形变，通常我们测定的黏度是表观黏度值。温度对溶液黏度的影响如图 5-14 所示[8]。

杨秀琴等研究了温度对纤维素溶液表观黏度的影响，这些数据显示了 Lyocell 纤维溶液典型的流变特性。首先，它具有明显的切力变稀现象，当剪切速率增加时，在任何温度条件下都呈现了黏度下降的趋势。但出现切力变稀现象的起始点不同，温度越

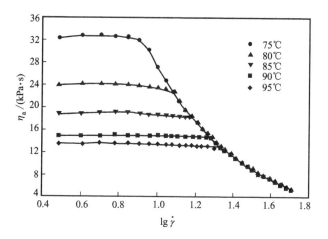

图 5-14　不同温度下木浆纤维素/NMMO 水溶液的 η_a—$\lg\dot{\gamma}$ 关系曲线(木浆质量分数为 6%)

低,切力变稀现象出现得越早,如果将出现切力变稀时的剪切速率称为临界剪切速率,那么纤维素溶液的温度越低,临界剪切速率越低。所有曲线都有一个平台,在这一区间内,随剪切速率的变化,表观黏度基本保持一个定值,相当于零切黏度。温度越低,表观黏度越高。75℃下,黏度值约在 32kPa·s,当温度升高到 95℃时,黏度值下降到13kPa·s。另一个有趣的现象是,当剪切速率达到一定值时,各个温度条件下的黏度值几乎完全重合,这意味着高剪切速率对黏度的影响在某些时候甚至超过温度对黏度的影响。纺丝液浓度对黏度的影响如图 5-15 所示[8]。

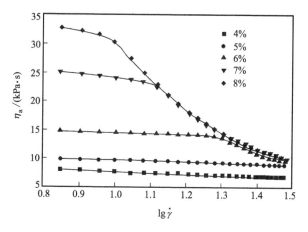

图 5-15　不同浓度木浆纤维素/NMMO 水溶液的 η_a—$\lg\dot{\gamma}$ 关系曲线(溶液温度为 90℃)

当纺丝液的浓度从 4% 增加到 8% 时,表观黏度随剪切速率变化的情况类似于温度的影响,也是典型的非牛顿流体的特征。但当纤维素浓度很低时,几乎是一条直线,这是因为在纤维素溶液中是否会出现非牛顿流动主要取决于分子间的氢键,当纤维素浓度低到一定程度后,纤维素之间的氢键已经完全被 NMMO 取代了,由于不存在分子间的作用力,它实际上成了牛顿流体。然而,随着纤维素浓度的增加,纤维素分子间氢键的破坏和重建成为一个重要因素。聚合物溶液中产生的运动阻力主要来自大分子,因此,溶液的浓度越高,分子间间距越小,其产生缠绕和分子间相互作用的力越大,对于 Lyocell 纤维体系而言,其重建氢键的概率越大。因此,当浓度增加时,表观黏度急剧增加;另外,其临界应变速率下降,可以推断当纺丝液的黏度进一步增加时,纺丝液的黏度会进一步增加,同时浓度越高,临界应变速率越低,也就是说,随着纺丝液浓度的增加,第一牛顿区会不断缩小,临界应变速率减少,切力变稀现象越来越严重。

从流动机理出发,聚合度对纺丝液黏度的影响似乎不大,因为产生流动的基本单元是链段,但纺丝液的聚合度与黏流活化能有密切关系,聚合度的增加会造成黏流活化能明显增加,这就意味着,可能在某一温度和黏度下,聚合度对黏度影响不大,尤其是在较低纺丝溶液浓度下。但是,在某些条件下,尤其是在高纺丝液浓度下,聚合度增加会明显增加纺丝溶液的黏度。

测定聚合物溶液流变性的仪器有多种类型,各类仪器的检测内容和范围有所不同。Lyocell 纤维溶液流变性的测定通常用旋转流变仪,如由美国 Brookfield 公司制造的 Brookfield DV-II型旋转黏度计、德国 HAAKE 公司生产的 RS 150 锥板型流变仪及国产 DSR 200 动态剪切流变仪等。流变仪通常有两大类型,一种是控制应力型,即在固定剪切应力的条件下,测定其形变速率,通常采用电动机带动夹具给样品施加一定的应力,同时用光学解码器测量产生的应变或转速;另一种是控制应变型,这种流变仪直流电动机安装在底部,通过夹具给样品施加应变,样品上部通过夹具连接到扭矩传感器上,测量其产生的应力。不论是哪种类型的仪器,最终都可以获得剪切应力、应变速率、黏度、温度等一系列数据,根据这些数据可以研究温度、剪切速率等对纺丝溶液的影响。

5.4.2 喷丝板的设计

Lyocell 纤维纺丝采用了干喷湿纺的工艺路线,干喷湿纺是熔融纺丝和湿法纺丝相互融合的一种纺丝工艺,干喷部分遵循了熔融纺丝的规律,而纤维进入凝固浴后,脱除溶剂的过程又具有湿法纺丝的特点。干喷湿纺喷丝板的设计与熔融纺丝喷丝板的设计有许多相似之处,因此,可以借鉴熔融纺丝喷丝板的设计经验。喷丝板设计和制作的主要参数包括导孔的形状与大小、喷丝孔的直径、长径比、喷丝孔的间距等。喷丝孔的结构与纤维的成形过程如图 5-16 所示。

在喷丝组件中,喷丝板上方是一个体积较大的存料腔,设置存料腔是为了确保进入各喷丝孔的物料具有均匀一致的板前压力,由于存料腔的体积大,因此,纺丝溶液在

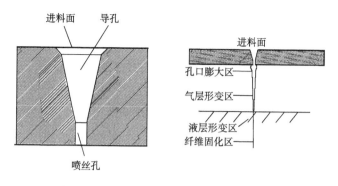

图 5-16　喷丝孔的结构与纤维的成形过程

存料腔中的流动速度很慢。NMMO/H_2O/纤维素溶液属非牛顿流体,是一种具有黏弹性的高聚物溶液,当它从较大的空间被挤入很小的喷丝孔时,在拉伸方向会发生弹性形变,部分能量会以弹性势能的形式储存于体系中,聚合物的弹性形变是可逆的,待纺丝溶液出喷丝孔后,被孔道约束的细流成了无约束的流体,即时发生弹性回复,即呈现孔口胀大现象。胀大比与纺丝溶液自身的结构、黏度、温度、进入喷丝孔处的压力、孔道中的流动速度、喷丝孔的长径比等因素有关。胀大比过大,会对纺丝工艺不利,严重时会造成纺丝细流的破裂。黏弹性流体在流经小孔时会发生弹性形变,这是造成纺丝不稳定的重要原因之一,影响弹性形变的因素主要有三个:一是流体在微孔中的流动速度,它关系到流体的形变速率;二是温度,高温有利于聚合物分子自身的链段运动,减少弹性形变;三是微孔形状的设计。在工业生产中,改变纺丝溶液在微孔中的流动速度和温度会在一定程度上受到限制。例如,为保证产能就必须将纺丝速度控制在一定范围内,而过高的纺丝温度会影响聚合物的化学稳定性,对 Lyocell 纤维体系尤为如此,高温会导致 NMMO 分解反应加剧。因此,必须通过合理设计喷丝孔的几何形状来改善纺丝溶液的可纺性。

　　喷丝孔通常都设有导孔,设置导孔的目的是为了使物料能够顺利进入喷丝的小孔,对于高黏度物料来说,如果不设导孔有可能使物料在进入小孔时受阻而不能充满喷丝小孔,它将有可能导致纺丝溶液的断裂。导孔的另一个目的是改变纺丝溶液的流变性,缓解了直接进入喷丝小孔而导致的剪切速率的迅速增加。因此,设置导孔有助于消除聚合物纺丝溶液的弹性形变。对微孔入口的几何形状有三方面的要求[9]:一是随剪切应变速率的增大,纺丝溶液流谱中不得出现涡流、死角,不发生螺旋形畸变和纺丝溶液破裂等不稳定的流动现象;二是导孔的直径收缩比应避免突变;三是纺丝溶液入孔后,流体应该呈流线型。导孔可以有多种形状,常见的有直孔、锥形孔和双曲线孔。从加工的角度看,直孔的加工相对容易,也是普遍使用的一种导孔形状。而从流体的导流情况看,以锥形孔和双曲线孔更好,当然,其加工难度较大。圆柱形导孔的直径与喷丝孔直径之比称为直径收缩比。直径收缩比越小,纺丝溶液在入口区获得的弹性势能就越小,它对纺丝过程有利,但导孔越小,出口压力波动越大,也就是说,进入喷丝孔的压力波动加大,不利于纺丝过程。因此,必须选择合适的直径收缩比。锥形和双曲线形导孔不能直接用孔径计算其收缩比,但孔径的大小对流体的影响规律与圆柱形导孔相似。纺丝溶液在锥形和双曲线形导孔中流动时,其剪切压力的改变都有一个渐进的过程,能够较好地满足导孔的基本要求。Lyocell 纤维喷丝孔常采用锥形导孔。

从物料平衡的角度看,喷丝孔直径与所纺制纤维的细度有几种关系:①当喷丝孔孔径、喷丝孔孔数和供料总量都固定不变时,改变卷绕速度就可以获得不同细度的纤维,卷绕速度越快,纤维的细度越小。②当喷丝孔孔径、喷丝孔孔数和卷绕速度都固定不变时,改变供料量,同样可以获得不同细度的纤维,供料量越大,细度越大。也就是说,在一定的范围内,直径一定的喷丝孔,通过改变供料量或卷绕速度,可以得到不同细度的纤维。然而,对于一定孔径的喷丝孔来说,虽然可以纺制不同细度的纤维,但很难达到优良的产品质量和稳定的纺丝工艺。对于特定的喷丝孔孔径,一定只存在一个最适宜纺制的细度范围,喷丝孔的孔径和细度有一定的对应关系。③当供料量、喷丝孔孔数和卷绕速度固定不变时,改变喷丝孔孔径,此时所得到的纤维的细度不变。实际生产过程中,在固定供料量和纺丝卷绕速度的条件下,通过使用同样孔数、不同喷丝孔孔径的喷丝板来获得最佳的纺丝效果。改变喷丝孔孔径实质上是改变了挤出速度和喷头拉伸比的比重,在上述条件下,小孔径的喷丝孔挤出速度就大,由于卷绕速度是恒定的,故喷头拉伸就小,相反亦然,因此,喷丝孔孔径的设计必须同时考虑纺丝液在小孔内的流动和喷头拉伸情况,并使其有合理的搭配。

首先,要保证流体在喷丝孔内有合理的流速,即纺丝液在微孔中有合理的剪切速率,常用以式(5-5)判断[10]:

$$\gamma_w = \frac{(3n + 1)q}{n\pi R^3} \qquad (5 - 5)$$

式中:γ_w 为微孔壁面的剪切速率(s^{-1});R 为微孔半径(cm);q 为单孔流量(cm^3/s);n 为非牛顿指数。

所谓合理的剪切速率就是要满足 $\gamma_w \leqslant \gamma_c$,$\gamma_c$ 为临界剪切速率,是指从第一牛顿区进入幂律区交接点处的剪切速率。也就是说,流体在经过微孔时处在第一牛顿区内,一旦剪切速率超过临界点,流体便呈现非牛顿流体性质,产生切力变稀,使溶液流不稳定。高的剪切速率也不利于弹性势能的消除。由式(5-5)可见,当单孔流量 q 确定后,剪切速率与微孔半径的三次方成反比。孔越大,剪切速率越小,因此,从剪切速率来看,为保证其小于临界剪切速率,喷丝孔可以做得很大。但在流量和卷绕速度都确定的情况下,喷丝速率的降低,就意味着喷头拉伸比的增加,因此,喷丝孔的设计还必须考虑喷头拉伸比,喷头拉伸比是喷丝速度与卷取速度的速度比,当纺丝速度和供料量确定后,微孔直径就确定了喷头拉伸比,微孔孔径越大,喷头拉伸比越大,喷丝头拉伸过大,易造成丝不稳定,甚至造成毛丝和断丝。当然,微孔孔径太小,由于喷头拉伸比太小而造成纤维拉伸不足,从而不能获得优异的物理性能。喷头拉伸比可以用式(5-6)计算:

$$R = \pi d_0 V \rho / 4Q \qquad\qquad (5-6)$$

式中:R 为喷丝头拉伸比;Q 为单孔吐出量(g/s);ρ 为熔体密度;d_0 为喷丝孔直径(cm);V 为卷绕速度(cm/s)。

挤出速率和喷头拉伸比的选择是确定喷丝孔直径的关键。从以上分析可见,当供料量和卷绕速度确定时,理想的喷丝孔孔径要满足一定的挤出速率,同时还要满足一定的喷头拉伸比。当然,喷丝孔孔径的设计还应考虑温度因素,纺丝温度越高,临界剪切速率也越高,允许的微孔壁剪切速率也越高,也就意味着可以选用更小的微孔孔径;相反,纺丝溶液的黏度越高,临界剪切速率下降,要求选择的孔径越大。

陈钦等[11]用孔径分别为 0.08mm、0.1mm 和 0.15mm 三种的喷丝板,在 110m/min 纺丝速度、5cm 气隙长度等条件下,考察了纤维力学性能的变化。结果表明:采用孔径为 0.1mm 的喷丝板制得的 Lyocell 纤维的力学性能最好,过大或过小的喷丝孔孔径都不利于纤维力学性能的提高。实验所设计的方案是:当卷绕速度和供料量一定时,用不同孔径、同样孔数的喷丝板纺制同样细度的纤维。根据式(5-6)可见,喷丝孔孔径越小、纺丝液细流从喷丝孔中挤出的速度越大,喷头拉伸比越小,在纺程上丝条所受到的张力相应减小,从而不利于纤维中的纤维素大分子链的取向及结晶结构的形成,因此纤维的力学性能下降。喷丝孔孔径增大、纺丝液细流从喷丝孔中挤出的速度减小,喷头拉伸比增大,在纺程上丝条所受到的张力相应增大,从而有利于纤维中的纤维素大分子链排列规整有序,取向度提高,并进一步诱导结晶结构的形成,表现为纤维力学性能提高。然而,当喷丝孔孔径过大时,纺丝液细流从喷丝孔中挤出的速度过小,喷头拉伸比过大,过大的张力容易产生毛丝及断丝现象,导致纺丝不能稳定进行,从而不利于纤维中的纤维素大分子链的取向及结晶结构的形成。相应 Lyocell 纤维样品的结晶和取向结构参数也证实了这一点。此外,对于喷丝孔孔径的选定一定有其先决条件,如纺丝速度、细度等。实验所提供的 0.1mm 纺丝孔孔径只适用于上述条件。

长径比是喷丝板设计中另一个重要参数,它是指喷丝孔的长度与直径之比。增大长径比有助于弹性势能的松弛,减少出口压力和膨化,选择长径比的原则是纺丝溶液在微孔中的停留时间必须大于纺丝液的松弛时间。从喷丝孔的结构图(图 5-16)中可以看到,孔径自上而下不断收缩,因此,聚合物分子在进入喷丝小孔前已经被多次挤压,大分子也在这一过程中取向,由于流体有一定的流动速度,随着直径减小,在纺丝液的流动方向上产生了速度梯度,急剧的速度变化导致纺丝液在拉伸方向发生弹性形变,弹性势能主要是在入口区建立,在出口区释放。孔口膨大是弹性势能释放的一种表现。过大的弹性势能甚至能够造成纺丝细流破裂。这部分能量也可以理解为在外力快速作用下大分子链段运动产生的内应力,因此,在一定的温度下,链段的运动可以产生应力松弛,但它需要一定的时间。高聚物在喷丝孔中流动伴随应力松弛的发生,且随着长径比的增大,弹性势能松弛越多,可回复弹性势能越小,有利于消除出口区的不稳定流动现象。当纺丝速度和微孔孔径确定后,微孔的长径比就决定了纺丝溶液在微孔内的停留时间。显然,长径比越大,纺丝液在微孔中停留时间越长,其孔口膨大效应越小。因此,停留时间大于松弛时间是长径比选择的一个重要条件。当然,实际生产中,不可能将喷丝孔的长径比做得过大,因为喷丝孔原本孔径就很小,加工已经十分困难。长径比的增大会使加工难度成倍增加,过大的长径比对维修和保养也都不利。因此,长径比的选择原则是在满足停留时间大于松弛时间的前提下,取其小的长径比。目前,Lyocell 纤维短纤维的生产中,纺丝速度一般在 $40\sim50m/min$,低速纺丝工艺使纺丝溶液在微孔中有足够的松弛时间,因此,可以采用较小的长径比,常用的喷丝板的长径比在$(2\sim3):1$ 之间。

陈钦等[11]用 3:1 和 1:1 两种不同长径比的喷丝板,在 110m/min 纺丝速度、5cm气隙长度等条件下,考察了 Lyocell 纤维物理性能的变化。实验表明,大长径比的喷丝板纺制的 Lyocell 纤维性能优于用小长径比的喷丝板纺制的纤维性能,大长径比纺制的纤维结晶度和取向度都有相应的提高,与其相对应初始模量和断裂强度也有所提高,但提高的幅度不大。长径比对纤维物理性能的影响主要源于长径比大利于分子的取向,及长径比大有利于分子在喷丝孔内的松弛,减少孔口膨大。上述实验是在纺丝速度为 110m/min 条件下进行,当纺丝速度下降时,纺丝液在喷丝孔中停留时间会增长,有利于应力松弛,它对纤维性能的影响会进一步减少。因此,Lyocell 纤维用喷丝板的喷丝孔设计中可以采用较小的长径比。

喷丝板设计中,除了导孔、孔径和长径比,喷丝孔的排列也非常重要。它的设计需考虑产量和质量之间的平衡。在有限的空间内获得最大的产量是每一个生产者的愿望。喷丝板不可能无限制扩大,因此,要在有限的长度空间中排布尽可能多的孔,就需要使喷丝孔间距尽可能缩小,并排布尽可能多的层数。目前的技术每一块条形喷丝板可以排布 3 万多个孔,而环形板的最大孔数已经超过 7 万个孔。孔间距缩小的直接影响是冷却吹风效果,如此稠密的孔,其孔间距及其排列的方法就显得十分重要,冷却吹风是使纺丝液迅速冷却,并具有牵伸强度的必要条件,当具有多层排布时,就要考虑冷却吹风如何能够受到最小的阻力,使它能够对最外层的纤维进行有效的冷却,同时又不能采用过高的风速(风量),因为过大的风速会直接影响迎风面纤维的稳定性。密集的排布对纤维的直接影响就是纤维的并丝率增加,纺丝过程中不可避免地会产生一定程度的工艺上的波动,它可能来自于纺丝液压力的波动、纺程上张力的波动、冷却吹风温度和压力的波动,也可能来自于凝固浴液面的波动等,在纤维尚未完全凝固前,所有这些波动都有可能造成纤维粘并,这种粘并会随着微孔空间距的减少而增加。设计喷丝孔间距的排布时,必须考虑工艺上可能出现的这些波动,以确保在允许波动的范围内仍能够保证产品质量。粘并纤维是纤维质量的重要参数,也是短纤维制作过程中最易出现的质量问题。显然,缩小孔间距与产品质量之间是矛盾的,因此,要在两者之间找到一个合适的平衡点。

5.4.3　纺丝速度对 Lyocell 纤维结晶度和取向度的影响

结晶度和取向度是描述纤维素超分子结构的重要参数,它们与纤维素的物理性能直接相关。所谓取向是高聚物分子链或链段朝某一特定方向有序排列的一种结构形态,纤维的取向是高聚物分子链在外力作用下,沿纤维轴方向有序化的过程,取向的单元可以是分子链段,也可以整个大分子。因此,高分子链的取向状态就存在两种情况,一种是链段排列有一定的方向性,但不是整个大分子;另一种则是大分子排列有序,而链段不取向。外力作用下产生的这些取向,当外力消除后会产生松弛现象,因此,存在取向和解取向,并最终达到一种平衡,单轴取向是一维有序结构,双轴取向是二维有序结构。广角 X 射线衍射、双折射法、声波传播法都可以用来测定取向度。

结晶是一个三维有序的结构。纤维素分子由于分子间氢键的作用,以椅式结构存在,是一个结晶高聚物。目前测定结晶度的方法较多,有 DSC 测定法、密度测定法、X 射线衍射法、红外测定法等。

孟志芬等对不同纺丝速度下获得的纤维性能进行了研究[12],研究发现,结晶性高聚物纺丝速度与结晶度的关系存在普遍的规律,Lyocell 纤维的纺丝结果也不例外,随着纺丝速度的提高,Lyocell 纤维的结晶度增大,当纺丝速度为 10m/min 时,纤维结晶度为 50.2%,当纺丝速度提高到 80m/min,结晶度提高到 55.8%。这是因为随着纺丝速度的提高,喷头拉伸比增加,拉伸力增加,使纤维有较好的取向和结晶。

晶区的取向会随着纺丝速度的提高而呈增加的趋势。而无定形区,在纺丝速度低时,取向随着纺丝速度的提高而增加;当纺丝速度达到 50m/min 时,无定形区的取向达到最大值;继续提高纺丝速度,无定形区的取向反而下降,进而使纤维双折射值维持恒定不变。造成这一现象的原因可能是,随着纺丝速度的增加,无定形区内首先取向的链段部分形成了结晶,因此,总的取向度不变,而结晶随纺丝速度的增加而增加。

在 Lyocell 纤维的干喷湿纺工艺中,纤维强度还受到冷却条件的影响,冷却时间短往往会影响所形成的结晶的数量和完整性,换言之,冷却得当,则形成较多、较完善的晶体,纤维的强度就高,反之亦然。冷却过程又与纺丝速度相关,纺丝速度越高,冷却效果越差。在冷却时间和纺丝速度两种因素的共同作用下,纤维强度会在某一条件下出现一个最高值。这一最高值会受到很多因素的影响,如喷丝孔直径、冷却风的温度、冷却风的风量等。一般规律是,在较低的纺丝速度下,纤维的强度随纺丝速度的增加而增加;当纺速达到某一值时,纤维的强度会达到一峰值;此后,纺丝速度继续增加,纤维的强度反而有所下降。

5.4.4　气隙长度、吹风湿度及吹风温度对纤维性能的影响

气隙条件是干喷湿纺工艺的重要组成部分,它是纤维聚集态结构形成的关键区域。纺丝细流从喷丝孔挤出后,不仅经历了从孔口膨大到纤维形状基本形成的形态上的巨大变化,而且经历了从液体到固体的相变过程,细流还在这一过程中经受了拉伸力的作用,使其取向、结晶,而这一过程仅发生几个毫秒的时间内,因此,控制好气隙条件对稳定产品质量十分重要。

干喷湿纺工艺中,纺丝细流从喷丝孔挤出后,首先经过一段气隙,细流在冷却风的作用下固化。冷却吹风的作用是使丝条的温度迅速降低到凝固点,纺丝细流在冷却过程中,黏度不断增加,在拉伸力作用下,纤维素分子结晶、取向,并产生分子间的相互位移,细流直径迅速下降,初步形成纤维的形状。

纤维素纺丝溶液是一个黏弹性流体,在纺丝压力作用下,溶液在出喷丝孔口时会发生孔口膨胀。因此,丝条在气隙段(干段)的直径会发生急剧的变化,如果不考虑纤维自身的重力,纺丝细流每一个截面上受到的拉伸力是一样的。随着纤维截面变小,单位面积的拉伸力迅速增大,直至纤维外径不再改变。拉伸应力的增大,使纺丝细流取向,甚至结晶。拉伸应力的另一个特点是纤维皮层受到的力大于纤维芯部受到的力,由于纺丝细流的外层首先固化,固化后的皮层首先承载拉伸应力的作用,作用力越大越容易取向、结晶,从而形成较规整的层状结构。内层的纺丝液由于传热的原因,固化时间要比外层长,其结构形成的过程也会变慢,因此,第一层形成的取向分子在拉伸力的作用下,与内层分子发生分子间的位移,当第二层取向分子凝固后,与更内层的分子发生位移,以此类推,最终很可能形成同心圆形式取向的分子束。这一过程受到多种因素的影响,包括气隙长度、吹风温度和吹风湿度、纺丝原液的温度等。但在气隙段最需要关注的是纺丝细流凝固点的位置。它是上述各项因素综合影响的结果。我们可以用纺丝细流热量的得失来讨论凝固点的位置,纺丝细流从液体到固化所需的热量可以用式(5-7)表示:

$$Q_1 = q \times C \times (T_1 - T_2) \tag{5-7}$$

式中:Q_1 为细流从液体到固体所需的热量(J);q 为气隙段内细流的质量(kg);C 为降温过程中的平均热比容[J/(kg·℃)];T_1 为物料出喷丝孔时的温度(℃);T_2 为物料凝固时的温度(℃)。

　　根据式(5-7),假设气隙吹风所带走的热量为 Q_2,那么,凝固点出现的位置就有三种典型的情况。当 $Q_2<Q_1$ 时,吹风带走的热量还不足以将纺丝细流冷却到凝固点温度,在这种情况下,纺丝细流在没有凝固的情况下就进入了凝固浴;当 $Q_2=Q_1$ 时,纺丝细流的凝固点正好处在纺丝细流与凝固浴水平面交界处;当 $Q_2>Q_1$ 时,纺丝细流的凝固点将处在气隙中, Q_2 与 Q_1 的差值越大,凝固点越往喷丝孔方向移动。凝固点落在凝固浴中并不是理想的状态,因为纺丝细流一旦进入凝固浴,纤维的结构就被迅速固化,如果纺丝细流在气隙段仍然没有固化,这就意味着,其取向和结晶尚在进行中,能够固定纤维素分子相对位置的网络尚未形成,不稳定的结构被固定后势必造成结构上的不完善,因此,生产中纺丝细流的固化点一定要控制在气隙内。式(5-7)仅考虑了静态的热交换量,而实际吹风冷却的过程除了热交换的总量,还与交换的效率相关,单位时间内对单位质量的物质进行冷却,其效率将取决于冷却吹风与物料接触的面积和热量的传递速度。冷却风与物料的接触面越大,冷却效果越好;冷却风更新的速度越快,冷却效果越好。

　　刘瑞刚等[13]用激光法测定了丝束出喷丝孔后直径的变化,实验结果表明:纺丝溶液细流直径的变化主要发生在靠近喷水头的一段气隙内,之后,纺丝溶液细流开始固化,直径逐渐趋于恒定。图 5-17 所示是在不同纺丝速度下,纺丝细流离开喷丝孔后直径变化的曲线。

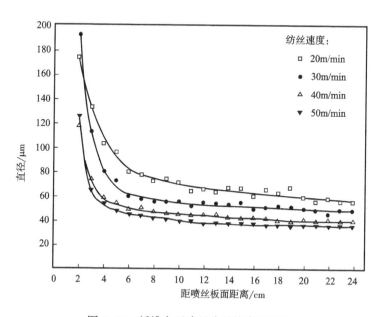

图 5-17　纤维离开喷丝孔后的直径变化

　　这一实验使用了 25cm 的气隙,喷丝孔直径为 0.4mm,改变纺丝速度时,挤出量不变。由图 5-17 可知,纺丝细流的直径在离开喷丝孔 8cm 后基本不再变化。随着纺丝速度的提高,凝固点向喷丝孔方向移动,纺丝速度越高,凝固点离喷丝板距离越短。如果用式(5-7)来解释上述现象,似乎有些问题,因为在实验条件下,式中的 q、T_1、T_2 都是一个固定值,因此,需带走的热量是恒定的,凝固点应该与纺丝速度无关。但仔细分析可见,当纺丝速度提高后,纤维直径变小,同样质量的纺丝原液形成的表面积增加,即单位时间内,冷却吹风和纺丝原液热交换的面积增大,传热效率增加,使凝固点往喷丝板方向移动。因此,随纺丝速度的提高,凝固点上移的结论,只有在挤出量不变的情况下才成立。相反,如果实验条件更改为保持细度不变,那么随着纺丝速度的提高,凝固点会向喷丝板相反的方向移动。这是因为,细度恒定后,传热面积就确定了,而纺丝速度高,则单位时间需要冷却的物料量增加,要使凝固点保持不变,就需要更大的风量。如果保持吹风量不变,凝固点就必然向喷丝板相反的方向移动。当然,也可以从拉伸应力的角度分析,因为纺丝细流直径变化与其所承受的拉伸应力有关,随着纺丝卷绕速度的提高,纺丝细流所承受的拉伸应力增大,喷丝头拉伸倍率增加,纤维直径减小,冷却速度快,使纺丝细流达到凝固点的时间缩短,于是凝固点向喷丝板方向移动。

此外,随着纺丝速度提高,纺程上应力增加,应力硬化使溶液体系的固化温度提高,从而使固化点上移。

由上述分析可见,Lyocell 纤维生产中气隙长度设计的依据是纺丝细流在气隙中的凝固点。因为各种纺丝条件确定后,细流在纺程上的固化点就确定了,这就要求设计中气隙长度必须大于固化点离喷丝孔的距离。相反,当气隙长度确定后,必须通过工艺的调整使固化点落在气隙范围内。在纺丝细流能够得到充分冷却的前提下,气隙长度应该尽可能短,原因是气隙段越长,纤维纺丝粘并的可能性越大。当然,气隙长度也不能过短,即便凝固点可以控制在气隙范围内,因为要使纺丝细流充分冷却就要确保有一定的风量,气隙长度缩短,就必须增加风速,而增加风速对纺丝不利。有研究认为:当气隙长度小于 15mm 时,最大拉伸比随气隙长度的增加急剧增大,在气隙长度约为 15mm 时,达到最大拉伸比。实际生产中气隙长度一般在 20mm 左右。

对于侧吹体系而言,纺丝细流的冷却效果与气隙长度、吹风温度和吹风速度相关。而真正作用于纺丝细流的是冷却风所提供的冷却量。冷却量由吹风温度、吹风速度和受风面积所确定,受风面积是丝束的宽度与气隙长度的乘积,这三者有着密切的相关性,调节任何一项都有可能改变冷却量。当气隙长度和吹风温度确定后,吹风速度增加,风量增加,冷却量就增加。如果其他条件不变,降低吹风温度,可以降低吹风速度。

吹风速度有一定的要求,因为 Lyocell 纤维使用的喷丝板都设置有多排喷丝孔,冷却风最基本的条件是必须穿透多层丝帘,使最外层的丝也能够得到充分的冷却,由于喷丝板孔的间距很小,它会对吹风造成一定的阻碍。吹风速度必须克服这些阻碍,所以吹风必须具有一定的速度。但吹风速度也不能过大,过大的吹风速度会使迎风面的丝承受过大的压力而产生弯曲或摆动,甚至断裂,而且丝条运动的不稳定会导致并丝。

吹风温度是调节冷却量的有效手段,它可以与吹风速度配合,为纺丝细流提供合适的冷却量。吹风对初生纤维的作用是迅速降低丝条的温度,从这一要求看,吹风温度越低越好,迅速降温可以使丝条快速固化,进而能够承受一定的拉伸力,也利于丝束的取向;但从工业生产的角度看,过低的吹风温度,意味着更大的能耗;但吹风温度过高会导致丝条来不及固化而产生并丝。因此,在满足工艺条件的前提下,应选择较高的吹风温度,工业生产中使用的吹风温度在 10℃ 左右。

吹风含湿量也是影响纺丝质量的一个因素,出喷丝孔的纺丝液实际是高浓度 NMMO 的纤维素溶液,因此,丝条非常容易吸水,NMMO 水溶液的凝固点与溶液的含水量有关,含水量增加,凝固点下降。从 NMMO—H_2O 相图中可以发现,在单结晶水溶液的凝固点附近,含水量的变化对凝固点的影响尤为明显。因此,当初生的丝条遇到水分后,很容易因吸水而降低凝固点。一旦凝固点改变就有可能造成纤维微观结构上的缺陷,轻则产生并丝,重则无法成形。含水低或者无水的空气,有利于使丝束均一固化,保证顺利成形。梅雨季节容易出现产品质量事故,与其不无关系。通常,当吹风温度控制在 20℃ 以下时,吹风的平均含湿量控制在 $4.5 \sim 8 g H_2O/kg$ 为好。湿度和成品丝强度基本成反比,吹风湿度高,纺丝并丝多,成品丝强力低;吹风湿度低,纺丝成形条件好,成品丝强力高。

气隙长度和冷却空气的温湿度对纤维的性能有交叉影响,气隙长度较大时,减小空气温湿度,有利于纤维模量、强度和断裂伸长的提高;气隙长度较小时,增加空气温湿度,有利于纤维模量、强度和断裂伸长的提高。

5.4.5　凝固浴条件对纤维性能的影响

当流体内部存在某一组分的浓度差时,该组分凭借分子的无规则热运动,能够使分子由高浓度处向低浓度处迁移。Lyocell 纤维在凝固浴中成形的过程中,由于纤维中 NMMO 的浓度与凝固浴中的 NMMO 浓度存在浓度差,因此,就会出现纤维中 NMMO 向凝固浴中扩散的现象。根据费克(Fick)第一定律,分子扩散的通量或速率可以用式(5-8)表示:

$$j_A = -D_{AB} \times \frac{d\rho_A}{dz} \qquad\qquad (5-8)$$

式中:j_A 为组分 A 质量通量 $[kg/(m^2 \cdot s)]$;D_{AB} 为 A 在 B 中的扩散系数 (m^2/s);$\frac{d\rho_A}{dz}$ 为组分 A 在传质方向上的浓度梯度 $[(kg \cdot m^{-3}) \cdot m^{-1}]$。

由式(5-8)可见,扩散过程中的质量通量与扩散系数和浓度梯度相关,浓度梯度越大,质量通量越大。扩散系数是物质的物理性能常数之一,其物理意义是单位浓度梯度下物质的扩散通量,因而,它表示了一种物质在另一种物质中的扩散能力。其数值的大小与温度、压强及浓度有关。

扩散的本质是分子热运动的结果,因此,温度对扩散过程有很大的影响,温度越高,分子运动越激烈,扩散系数越大,在浓度梯度不变的情况下,传质通量增加。

邵惠丽等研究了不同凝固浴温度对纤维结构的影响[14]:当凝固浴温度分别控制在2℃、13℃和20℃时,测定了所纺制纤维的结晶度和晶粒尺寸。随凝固浴温度的升高,纤维结晶度下降,在多种纺丝速度下都呈现了相同的趋势。纺丝速度越低,凝固浴温度影响越大,当纺丝速度达到一定程度时,温度对结晶度的影响就不再明显。纤维结晶结构主要在喷头拉伸处形成,纺丝速度高,拉伸应力就大,纤维结晶度就高,进入凝固浴前,纤维的基本结构已经基本形成,进入凝固浴后,结晶结构进一步完善,部分取向分子形成结晶。凝固浴温度越低,扩散速度越慢,越有利于链段的调整,因此,结晶度增加较大。高速下纺制的纤维已经有较完善的结构,因此,凝固浴中再结晶的影响就相对小。

随凝固浴温度的升高,(101)面晶粒尺寸有明显的减小。纤维的晶粒尺寸及结晶度之所以会随凝固浴温度的提高而下降,其原因可能是凝固浴温度高,双扩散速度加快,使凝固过程较激烈,不利于形成高侧序、均匀紧密的结构;另外,凝固浴温度较高,易造成已取向的大分子解取向;晶粒尺寸的变小也使结晶度降低。

在纺丝速度相同的情况下,纤维的相对强度、初始模量随着凝固浴温度的提高而下降,而纤维的断裂伸长则随着凝固浴温度的提高而增大。这是因为在相同纺丝速度下,随着凝固浴温度下降,双扩散速度下降,从而凝固速度下降,凝固过程比较均匀,初生纤维结构紧密,且纤维素分子间结点密集度较大,所以纤维强度增大,初始模量增加,而断裂伸长则变小。凝固浴温度低,既有利于 Lyocell 纤维结晶度和晶粒尺寸的增加,也有利于纤维力学性能的提高。

凝固浴浓度是另一个重要的控制参数,它直接确定了驱动扩散的浓度差。当凝固浴浓度提高时,纤维内包含的溶液和凝固浴之间的浓度差就减少,组分在传质方向上的浓度梯度减少,结果是双扩散通量减少。从 Lyocell 纤维生产工艺分析可见,纺丝细流在进入凝固浴前,仍然是一个溶液,只是由于冷却吹风的作用使它的温度降低到凝固点以下,冷却使细流的黏度增加,具备了承载拉伸应力的能力,并使纤维素分子在拉伸方向结晶和取向。纤维最终聚集态结构的固定是发生在凝固浴中,纺丝细流一旦进入凝固浴,双向扩散的结果一方面使纤维中 NMMO 浓度迅速降低,凝固点也迅速降低,使曾被冷却吹风固化的纤维素大分子获得重新排布的机会;另一方面则随着 NMMO 分子不断从纤维中迁移出来,纤维素分子间新生成的氢键越来越多。从纤维的横截面看,扩散过程首先在纤维表面进行,而后逐渐深入纤维的内部。完成上述双向扩散,重构纤维素分子间的氢键需要一定的时间,时间越长,扩散进行得越彻底,越容易获得完好、均一的结构,其结晶度增加,纤维强度增加。因此,纤维能否获得较高的强度。在一定的范围内,纤维的强度取决于它在凝固浴中停留的时间,也就是说,在讨论凝固浴浓度和温度对性能的影响时,都必须考虑纺丝速度的影响。

在固定的较低的纺丝速度下,纤维的结晶度随凝固浴浓度的提高而增加。原因是纺丝速度低,纺丝细流的喷丝头拉伸较小,因此,进入凝固浴前的纤维取向和结晶都小;再者,纺丝速度低,溶液细流在凝固浴中的停留时间就长。由于浓度梯度小,进入凝固浴的溶液细流双扩散速度较缓和,使凝固成形速度缓慢,纤维素分子在凝固浴中尚有一定的可拉伸性,易被进一步拉伸,从而使纤维的结晶度增大。当凝固浴浓度分别为 0、10% 和 20% 时,结晶度分别为 49.5%、53.6% 和 57.2%[14]。在高速纺丝速度下,喷丝头拉伸的增加和凝固浴内停留时间的减少,使凝固浴浓度的变化对强度的影响大大减少。

凝固浴浓度是一个与纺丝速度相配合的工艺参数。特定的纺丝速度,需要一定的凝固浴浓度相配合。其基本要求是纺丝细流在凝固浴中的停留时间应该大于溶剂双向扩散的平衡时间。纺丝速度和凝固浴槽结构确定后,纤维在凝固浴中停留时间就确定了,因此,要达到在确定的时间内完成扩散的平衡就必须调节凝固浴的浓度。凝固浴浓度高,有利于 Lyocell 纤维结晶,并会使晶粒尺寸变大,但主要是使晶粒的横向尺寸变大,因此,它对纤维力学性能的影响不如拉伸造成的纤维轴向微晶增大所带来的影响大。此外,最大纺丝速度也随着凝固浴浓度的增加而下降[15]。

当凝固浴浓度过高时,由于扩散通量小,纤维结构不完善,其纤维强度降低。相反,当浓度过低时,扩散速度太快,易于造成表层的溶液迅速凝固,结构致密化,进而阻碍了双扩散的进行,过快的凝固,还会使内层已经拉伸取向的纤维素分子解取向,快速凝固的结果也可能造成纤维素链段来不及调整进入理想的晶格,最终使纤维强度下降。

凝固浴温度和浓度除了对纤维的性能产生重要影响外,在工业生产过程中还必须考虑运行成本。凝固浴体系通常都配有一个自循环系统,以保持凝固浴的温度和浓度始终控制在一定的波动范围内。当采用较低凝固浴温度时,就需要有较大的制冷能耗。同样,低浓度的凝固浴液会增加溶剂回收的负荷,即要消耗更多的回收能耗。另外,凝固浴的浓度也不能太高,因为凝固浴的浓度和温度会直接影响纤维素中低分子量组分的溶解性,温度越高,凝固浴浓度越高,浆粕中能够溶解在凝固浴中的成分就越多,这将导致产品得率的减少和溶剂分离提纯负担的增加。因此,实际生产中要综合考虑这些因素,权衡利弊,在确保产品质量的前提下,要尽可能采取较高的凝固浴温度和凝固浴浓度,目前工业生产中采用的凝固浴浓度在 20% 左右,凝固浴温度在20℃左右。

5.5 后处理

在凝固浴凝固成形的纤维丝束仍然含有一定量的NMMO,理想的状态下,当纤维与凝固浴中溶剂的双向扩散足够完善时,纤维中保留的溶剂浓度将与凝固浴中溶剂的浓度相同。但实际生产工艺中,由于凝固浴槽结构上的限制,纤维中的NMMO向凝固浴的扩散不可能进行得很完善,通常丝束在出凝固浴后,纤维中含有的NMMO溶液的浓度仍然高达30%~35%。这部分溶剂必须用相应的工艺加以回收,水洗是常用的方法。

水洗机设有若干个独立的水洗槽,纤维束在多对丝辊中前行。水洗所用的水通常来自精练机,低溶剂含量的洗涤水从水洗机的最后一节注入,逐一经溢流进入前一个水洗槽,丝束则以与水流相反的方向运动,水洗机还采用了折板式的丝束运动路径,以保证纤维与洗涤水的充分接触和足够的停留时间,经洗涤后的丝束中溶剂的残留量应小于1.5%。丝束经水洗机洗涤后,由三辊卷绕机牵引至切断机被切断成短纤维。

切断后的短纤维经过精练机进一步洗涤出短纤维所夹带的微量溶剂,而后,经过漂白、上油、烘干工序得到成品纤维,最后送至打包机中打成一定规格的成品纤维包。

Lyocell纤维因为其特殊的纺丝方法和较高的强度,而有产生原纤化的倾向,原纤化的产生会影响成品的外观。为了满足不同使用场合,还可以在常规的工序中加入抗原纤化处理的设备,用来制备抗原纤化纤维。

Courtaulds公司制备非原纤化纤维Tencel A100时采用的交联剂是N,N,N-三丙烯酰均三嗪(THAT)且以磷酸钠作为催化剂。当THAT在纤维上的固着量达到0.4%~0.8%(定氮法测定)时,即可达到防原纤化效果和加工成本的有机结合,而且Tencel纤维经THAT处理后,染色性能不会受到影响,不少染料的上染率反而得到一定程度的提高。但Tencel A100不适用于碱性体系。

大生产中,抗原纤化处理的工艺路线有两种,一种是在丝束未切断前对长丝束进行化学交联,而后再切断;另一种则是对已经切断的短纤维,在丝网状态下进行交联处理。其工艺流程如图5-18所示。

抗原纤化处理的设备通常由试剂槽、烘干与洗涤设备组成。化学试剂在两个或几个浴槽中不断循环,并与经过的丝束接触,为了使试剂均匀地渗透,必要时需配备压辊。交联反应通常要在一定温度下进行,因此,带有试剂的纤维必须经过烘箱,在温度作用下,发生交联反应。最后经水洗,将尚未反应的化学试剂洗掉。由于洗涤废水中

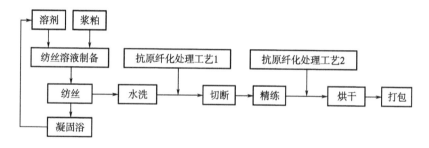

图 5-18　抗原纤化处理流程图

含有少量的交联剂、固化剂等化学试剂,因此,还需要配备相应的废水处理系统。交联后的纤维经过上油、烘干及打包工序得到抗原纤化的成品纤维。

参考文献

[1]石瑜等,田超,倪建萍,等.改善溶解浆在 NMMO 水溶液溶解体系中润胀性能的研究[J].China Pulp & Paper,2018,37(1):1-6.

[2]徐虎,徐鸣风,徐继刚,等.纤维素在 NMMO 水溶液中的溶胀行为研究[J].合成纤维工业,2013,36(1):38-41.

[3]刘岩,郭建生.棉纤维在 NMMO 溶液中的溶胀与溶解[J].合成纤维,2016,45(3):1-5.

[4]李春花,徐继刚,程春祖,等.纤维素浆粕在 NMMO/H_2O 中溶胀行为的研究[J].纺织学报,2014,35(2):116-119.

[5]程春祖,徐纪刚,骆强等.纤维素在 N-甲基吗啉-N-氧化物/水溶液中的溶胀与溶解性能[J].合成纤维,2012,41(7):15-18.

[6]李婷.Lyocell 纤维生产用纤维素溶胀工艺的研究[J].化工新型材料,2018,46(5):245-248.

[7]顾广新,沈弋弋,邵惠丽,等.纤维素/NMMO 溶液溶解方法及其溶液的表征[J].东华大学学报(自然科学版),2001,27(5):127-131.

[8]杨秀琴,迟长龙,魏媛,等.木浆纤维素/NMMO·H_2O 溶液的流变性能研究[J].合成纤维工业,2015,38(3):38-40.

[9]王永恒,石彩杰,崔再治.喷丝板的设计[J].聚酯工业,2006,19(3):27-30.

[10]郭英.合成纤维熔融纺丝装置设计基本知识[J].合成纤维工业,1994,3(6):29-31.

[11]陈钦,张慧慧,杨彦菊,等.喷丝板规格及纺丝速度对 Lyocell 纤维力学性能和结构的影响[J].产业用纺织品,2019,37(5):31-35.

[12]孟志芬,胡学超,章潭莉.气隙长度和纺丝速度对 Lyocell 纤维性能的影响[J].合成纤维,1998,27(6):6-11.

[13]刘瑞刚,沈弋弋,胡学超,等.Lyocell 纺丝溶液细流直径在气隙中的变化[J].东华大学学报,2000,26(4):66-70.

[14]邵惠丽,段菊兰,胡学超.凝固浴条件对 Lyocell 纤维结晶结构的影响[J].合成纤维,2000,29(3):3-5.

[15]段菊兰,胡学超,章潭莉,等.凝固浴浓度对 Lyocell 纤维性能及最大纺丝速度的影响[J].合成纤维,1999,28(6):5-8.

第6章 溶剂回收

溶剂回收在 Lyocell 纤维制备工艺中有举足轻重的地位。稳定可靠的溶剂回收技术是生产优质 Lyocell 纤维的基本保证。有研究者认为,Lyocell 纤维核心技术在于溶解,而产业化的成败则在于溶剂回收。这里面隐含了溶剂回收技术对企业运行的经济性和安全性的重大影响。

新鲜的 NMMO 溶剂经过一个使用周期后,会含有各种各样的杂质,有些杂质会影响产品的色泽,有些杂质会影响工艺过程的顺利进行,有些杂质甚至会导致严重的安全问题。因此,所有的杂质都必须在溶剂回收过程中去除。

溶剂中的杂质主要来自于几个方面:首先是浆粕自身带来的杂质,包括低聚合度的纤维素纤维、半纤维素及木质素等有机成分和铁、镁、钙等无机杂质,这些杂质会有部分残留在凝固浴中,尤其是可溶性物质;其次是生产过程中添加的抗氧剂、助剂等各种添加剂;再就是溶剂、添加剂、纤维素在受热的过程中,产生的分解反应产物,尤其是作为溶剂的 NMMO,因为其自身化学性质活泼,使用量又大,当它和纤维素在一起时,容易发生一系列副反应,这些分解产物具有很大的活性,对体系的危害性极大。

溶剂回收通常包括三个工艺过程,即絮凝、离子交换和蒸发。絮凝的目的是通过在回收溶剂中加入一定量的絮凝剂,使不能采用过滤去除的固体物质不断凝聚成大颗粒,而后,通过适当的方法去除。离子交换主要是去除可溶性杂质,由于这类物质有不同的电性能,因此,需要用阳离子交换和阴离子交换的方法去除体系中的可溶性物质。经过以上处理的溶液,其纯度可达到工艺的要求,而后需经过蒸发,去除多余的水分。根据不同的浆粥制备工艺要求,将 NMMO 的浓度提高到 72%～85%。

Lyocell 纤维纺丝凝固浴的除杂可以有多种方法。当采用直接过滤的方法时,由于 Lyocell 纤维的凝固浴存在一定量的胶状和半胶状物质,胶状物质很容易堵塞过滤网,进而大大影响了过滤的速度和效率。当采用直接进行离子交换的方法来除去杂质时,由于杂质较多,会使树脂使用寿命缩短,这也意味着需要频繁再生,进而大大增加了回收的成本。较为合理的工艺是利用絮凝剂,首先去除大量固体物质,而后,进行离子交换,去除溶解性物质,最后再蒸发提浓,这一方法已经在工业化生产中得到了应用。

6.1 絮凝

絮凝的过程是使水中悬浮的固体微粒集聚变大,或形成絮团,从而加快粒子的聚沉,达到从液体中分离悬浮微粒的目的。絮凝通常是通过在待处理液体中添加适当的絮凝剂来实现的,其作用是吸附微粒,在微粒间"架桥",从而促进集聚。常用的絮凝剂分为两大类别:铁制剂系列和铝制剂系列,其中,又可以进一步分为有机絮凝剂和无机絮凝剂。聚丙烯酰胺(polyacrylamide,常简写为 PAM)是常用的有机絮凝剂,不同分子量的聚丙烯酰胺可以在不同的场合下使用。无机絮凝剂包括硫酸铝、氯化铝、硫酸铁、氯化铁等,其中,硫酸铝是最早使用并一直沿用至今的一种重要的无机絮凝剂。无机絮凝剂的优点是比较经济、用法简单,但具有用量大、絮凝效率低及腐蚀性强的缺点。与传统絮凝剂相比,无机高分子絮凝剂能成倍地提高效能,且价格较低,因而,有逐步成为主流絮凝剂的趋势。这类无机聚合物絮凝剂主要是铝盐和铁盐的聚合物,如聚合氯化铝(PAC)、聚合硫酸铝(PAS)、聚合氯化铁(PFC)以及聚合硫酸铁(PFS)等。无机聚合物絮凝剂之所以比其他无机絮凝剂效果好,其根本原因在于它能提供大量的络合离子,且能够强烈地吸附胶体微粒,通过吸附、架桥、交联作用,使胶体凝聚。

Lyocell 纤维生产过程中,凝固浴中通常含有多种成分,包括体系带入的固体杂质、低聚合度纤维素、木质素、半纤维素、其他高分子杂质、大部分带色物质、非溶解性油性乳液、微溶油性物质、大部分高化合价金属离子等。其中,固体杂质是以胶体形式存在的,粒径一般≤0.1μm,这些颗粒无法用过滤形式脱除,需要通过捕集和絮凝的方式逐步增加粒径,再通过气浮脱除。絮凝是在回收液中加入聚丙烯酰胺类絮凝剂,除去其中的固态和胶态的非溶解性杂质,而后,通过沉降或气浮法去除絮凝物,以减轻后续阴阳离子交换处理的负担。此法虽然引入新的杂质,但能大幅度提高离子交换树脂的处理倍数,能有效地提高过滤的质量和效率。

在 NMMO 凝固浴的回收中,聚合氯化铝(PAC)是常用的捕集剂,该物质在弱碱性水溶液中可以电离出水合氢氧化铝阴离子,它能够吸附胶体杂质并生成颗粒较大的沉淀物。聚丙烯酰胺(PAM)则是絮凝剂,该物质在碱性水溶液中会形成大分子量的阴离子,可以使捕集后的固体杂质再一次凝集并形成大颗粒沉淀物。经过捕集和絮凝后,将含固体杂质的凝固浴与空气混合,并在浮上澄清桶中释放,达到分离固体杂质的目的。

6.2　离子交换

经过絮凝后,清液中不再含有固体物质,但仍然含有大量可溶性杂质,它们必须通过选择合适的阴阳离子交换树脂加以去除。阴离子交换树脂可以去除溶液中的阴离子,使溶液脱色;阳离子交换树脂可以去除溶液中溶解的吗啉、N-甲基吗啉、铁和铜等阳离子性杂质。单纯用阴离子交换树脂只可以脱色,但无法去除铁、铜、吗啉和 N-甲基吗啉等杂质,并且回收液的 pH 过高。在凝固浴回收工序中,通常还加入一定量的过氧化氢(H_2O_2),其主要作用是将回收液中的 N-甲基吗啉氧化成 N-甲基氧化吗啉,以提高溶剂的回收率。值得注意的是,过氧化氢也能够使吗啉氧化成 N-亚硝基吗啉,后者具有强致癌性。这就要求在氧化之前必须用离子交换法彻底去除吗啉,然后,再进行过氧化氢氧化。过氧化氢还可以破坏回收液中的有色基团,这对提高溶剂的色泽也有一定的好处。

6.3　蒸发

经过絮凝和离子交换后的溶液,脱除了固体杂质和可溶性杂质,此时的溶液是纯的 NMMO/水的稀溶液,蒸发是 NMMO/水溶液提浓的过程。在这个过程中,NMMO 水溶液的浓度从 15% 提高到 70%~84%,不同的生产工艺对最终浓度的要求不同,湿法工艺要求有较高的浓度,而干法工艺要求的浓度相对较低。蒸发的过程需要消耗大量的能量,构成了 Lyocell 纤维生产中能源消耗的主要部分。一条年产 1.5 万吨的 Lyocell 纤维生产线,平均每小时待处理回收的料液近 100 吨,需要蒸发出约 80 吨水。因此,选择合适的蒸发工艺,对降低纤维的生产成本具有重要的意义。NMMO 水溶液的提浓可以采用传统的多效蒸发工艺,也可以采用机械式蒸汽再压缩(mechanical vapor recompression,MVR)技术。两种方法各有特点,而 MVR 技术在设备投资成本、回收溶剂的质量和综合能耗等方面具有明显的优势。

6.3.1　多效蒸发的特点

蒸发是用加热的方法使溶液中部分溶剂汽化并除去,从而使溶液的浓度提高的过程。由于物质经历了由液态变为气态的相变,因此,会吸收大量的热量,是一个非常耗能的工艺过程,然而,被汽化的溶剂通常仍然具有一定能量,它们可以再次利用,多效蒸发便是充分利用被汽化后溶剂能量的一种技术。

在工业生产中,蒸发用的外来热源通常是高压蒸汽,用于初始热源的蒸汽称为一次蒸汽(也被称为生蒸汽),溶液被加热后,自身所产生并用于下一级蒸发器加热的蒸汽统称为二次蒸汽。一次蒸汽温度越高,产生的二次蒸汽温度越高,但由于部分热量已经用于蒸发溶液中的溶剂,因此,二次蒸汽的温度一定比输入的蒸汽温度低。理论上讲,只要有足够的温度差,二次蒸汽可以多次利用,即当一次蒸汽温度足够高时,二次蒸汽仍有足够高的温度用于下一级蒸发,依此类推,直至二次蒸汽不足以气化溶液中的溶剂为止,这就是多效蒸发的基本原理。在蒸发过程中,溶液的沸点随着其浓度的增加而逐渐升高,溶液的沸点又与操作压力有关,操作压力越大,沸点越高,反之亦然。因此,合理地设计一次蒸汽的温度和各级的压力,就有可能保证逐级有一定的温度差从而实现多效蒸发。依据二次蒸汽和溶液的流向,多效蒸发的流程可以分为并流、逆流和错流。并流流程的示意图如图6-1所示。

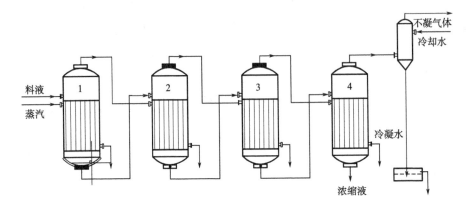

图 6-1　并流式多效蒸发器示意图

并流流程的特点是溶液和二次蒸汽同向依次通过各效。以四效为例,溶液从一效进入,分别经过二效、三效和四效,浓缩液从四效排出。外来的蒸汽也是从一效进入,一效产生的二次蒸汽作为二效的加热蒸汽,二效产生的二次蒸汽用于三效的加热,依此类推,四效排出的蒸汽通过冷却器冷却成水,不凝气体通过适当的措施排放。这一流程中前效的温度和压力都高于后效,而溶液浓度则是逐级提高。因此,物料可以借助各效间的压力差流动,辅助设备少,温度损失小,操作简便,工艺稳定性好。其缺点是随效数的增加,二次蒸汽的温度不断降低,溶液的黏度不断增加,结果使传热效率不断降低,这意味着要达到一定的传热效果,必须使用更大传热面积的设备。逆流式多效蒸发器示意图如图6-2所示。

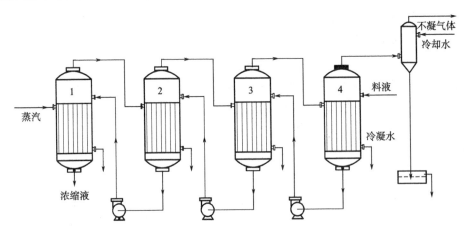

图 6-2　逆流式多效蒸发器示意图

逆流流程中,溶液与二次蒸汽的走向相反,即蒸汽从一效到四效,而溶液是从四效到一效。由于一效中的溶液温度和黏度最高,四效中的料液温度和黏度最低,因此,它不具有自发流动的动力,需用采用强制的方法。仍以四效为例,物料从四效进入,通过泵被强制顺序送入三效、二效和一效,浓缩液在一效排出。蒸汽的路径与并流工艺相同,外来的蒸汽从一效进入,一效产生的二次蒸汽作为二效的加热蒸汽,二效产生的二次蒸汽用于三效的加热,依此类推,四效排出的蒸汽通过冷却器冷却成水,不凝气体通过适当的措施排放。逆流流程中,物料的温度会随着浓度的增加而逐步升高,温度升高导致物料的黏度下降,其结果是各效溶液的浓度和温度对黏度的影响大致抵消,各效传热条件基本相同,故无需因为传热系数的降低而增加传热面积。其缺点是辅助设备多,因各效都是在低于沸点下进料,必须设置预加热器,故能耗较大。

错流流程则是二次蒸汽依次通过各效,但料液则每效单独进出,这种流程适用于有晶体析出的料液。

多效蒸发流程只有第一效使用了生蒸汽,有效地利用了二次蒸汽中的热量。因此,具有明显的节能效果,采取多效蒸发时所需的生蒸汽消耗量将远小于单效。从理论上分析,若第一效为沸点进料,忽略热损失和温差损失等因素,则单效的喂入量与产出量之比 D/W(feed/distillate)为1,即用一吨蒸汽蒸出一吨水,双效的 D/W 为 1/2,三效的 D/W 为 1/3,依此类推,N 效时,D/W 为 $1/N$。当然,考虑实际情况,这一值必须加以修正,因为随着物料温度降低,物料的焓差不断升高,每增加一效所带来的效果会越来越小,最终效率可以描述为 $D/W=b(1/N)$,b 为修正系数。

总温差是第一效的最大允许加热温度和最后一效的最低沸点之差,多效蒸发的总温差是各效温差之和。因此,总温差确定后,效数越多,每一效的温差就越小。从节能的角度看,效数越多,节能效果越明显。但过小的温差会导致两方面的问题,一是为了达到要求的蒸发量,温差(ΔT_m)降低,就必须相应扩大各效的加热面积,这就意味着投资费用会大幅度上涨;二是随着物料黏度的增加,传热系数会不断降低,越靠近末级,传热系数下降速度越快,尤其是对于并流流程。换言之,当选用过小的温差时,效数增加带来的节能效果会被导热系数降低导致的能耗增加所抵消。因此,在总温差确定后,要合理选择蒸发装置的效数。

Lyocell 纤维制备中,多效蒸发仍是溶剂回收的主流工艺,通常采用并流流程。目前,除中国纺织科学研究院应用自行开发的 MVR 溶剂回收技术外,国内外都采用了多效蒸发的工艺。利用多效蒸发技术回收 NMMO 时,存在一定的局限性。由多效蒸发的原理可见,效数越多越节能,而效数确定又受到每效温差的限制,过小的温差不仅增加设备投资,而且不会获得明显的节能效果。因此,当末效温度确定后,效数就取决于一次蒸汽的温度,一次蒸汽的温度越高,装置的效数可以设置得越多。实验证明,NMMO 在 120℃时就开始出现分解的迹象,随着温度的进一步增加,分解反应加剧。因此,NMMO 的这一特点限制了一次蒸汽的最高温度,进而也就限制了多效蒸发的效数。经测算用于 NMMO 回收的多效蒸发器,最大的效数约是五效。此外,即便在这样的工况条件下,仍然会使 NMMO 产生一定量的分解,它不仅会造成回收率的降低,而且其分解产物会对体系的安全存在潜在的危害。

6.3.2　MVR 蒸发的特点

　　MVR 是利用蒸发系统自身产生的二次蒸汽,经压缩机的机械做功将低品位的蒸汽提升为高品位的蒸汽热源,向蒸发系统连续提供热能,进而完成对溶液蒸发提浓的一项技术。

　　在多效蒸发系统中,由于溶液沸点升高和传热变差等原因,二次蒸汽的品位通常要低于一次蒸汽,利用二次蒸汽的热能的先决条件是被加热溶液的沸点必须低于二次蒸汽的饱和温度,当不能满足上述条件时,二次蒸汽的热能就不能再次利用。在 MVR 蒸发系统中,二次蒸汽通过蒸汽再压缩的方式将其压力和温度同时提高,并返回体系再次用于加热,选择合适的工艺条件可以使压缩后蒸汽量与加热所需的蒸汽量相同,进而用压缩后的二次蒸汽替代一次蒸汽,由于这一过程是一个封闭的循环系统,不断有二次蒸汽蒸出,经分离后,二次蒸汽被压缩后,再次用于加热,因此,设备运行后,可以利用自身的循环实现"0"外来蒸汽的蒸发,其消耗的仅是压缩机所用的电能。MVR 的工作原理如图 6-3 所示。

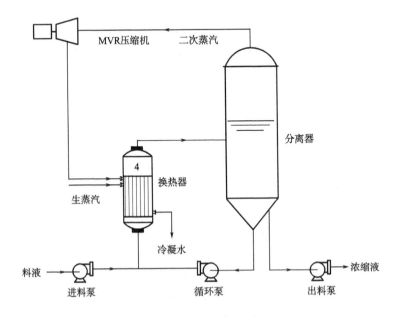

图 6-3　MVR 工作原理图

　　溶液通过循环泵在换热器(管内)和分离器间循环流动,正常运行后,待处理的料液通过进料泵按一定的比例进入循环系统。开车时,首先用生蒸汽给换热器加热(蒸汽走管外),使管内的溶液加热沸腾,产生二次蒸汽,二次蒸汽经 MVR 压缩机压缩,压力、温度升高,热焓增加,然后送到换热器当做加热蒸汽使用,使料液维持沸腾状态,而加热蒸汽本身则冷凝成水。这一过程往复循环连续进行,当产生的二次蒸汽经压缩后足以加热料液蒸发时,就不再需要生蒸汽。这一技术使二次蒸汽得到了充分的利用,回收了潜热,提高了热效率。实际使用过程中,根据工艺需要,要合理设计和利用 MVR 技术,需要考虑压缩机容量,当一台压缩机不能一次性完成浓缩负荷时,可以使用两台压缩机,因此,要考虑如何合理分配各级的蒸发量。当然,还需对冷凝水等尚有一定温度的物料进行热量回收,以达到进一步节能的目的,Lyocell 纤维生产中 MVR 溶剂回收的简易流程如图 6-4 所示。

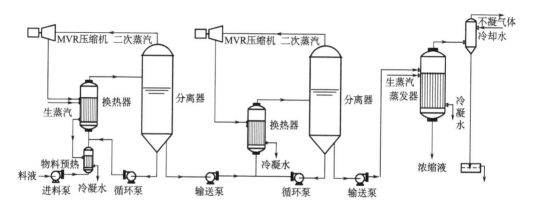

图 6-4　MVR 溶剂回收流程图

　　Lyocell 纤维生产中,由于要将 15%左右的溶液提浓到 75%以上,因此,按照最节约投资成本和运行成本的原则,通常将浓缩分几段完成,当 NMMO 浓度浓缩至 70%以上时,由于物料沸点升高达到 30℃以上,所需加热量很低,而小产能的压缩机并不经济,此外,从精准控制溶液浓度考虑,最后一级通常用生蒸汽直接加热。

　　实际工况中,利用蒸汽压缩机对换热器中的少量不凝气和水蒸气进行压缩,能使系统内的温度提升 5~20℃,并在蒸发器系统内重复利用所产生的二次蒸汽的热量,新鲜蒸汽仅用于装置开车阶段的预热和引发,提高了热效率并降低了能耗。据测算 MVR 的经济性相当于多效蒸发的 30 效。

6.3.3　MVR 工艺的优点
　　与常规的多效蒸发相比,MVR 工艺技术应用于 NMMO 回收有三个突出的优点:回收产品的质量好、设备运行能耗低和投资成本少。

NMMO 是一种氧化剂,对温度敏感,当温度超过一定范围时,会出现明显的分解反应。多效蒸发工艺由于其工艺性质所决定,必须使用具有较高温度的一次蒸汽,否则系统无法运行,其低限的蒸汽温度在130℃。而 MVR 系统可以配合真空系统,使物料温度低于90℃,低温运行的直接结果是分解产物大幅度降低,它不仅有利于提高溶剂回收率,更使安全性有了大幅度的提高。两种工艺的分解产物见表6-1。

表6-1 冷凝水中分解产物的含量

流程	NMM	M	NMMO
多效蒸发/($mg \cdot kg^{-1}$)	98	82	57
MVR 蒸发/($mg \cdot kg^{-1}$)	1.2	0.8	27

二次蒸汽的充分利用是 MVR 系统的核心功能之一,其二次蒸汽利用率可以达到95%以上,而目前普遍使用的多效蒸发技术,二次蒸汽利用率约为80%。MVR 是一种以电换汽的节能工艺技术,按照年产1.5万吨 Lyocell 纤维工厂实际应用情况统计,MVR 技术与多效蒸发相比可以少用蒸汽7~8吨/吨产品,用电则要增加1000度/吨产品左右。如果折合成标煤,按1万度电折1.229吨标煤和吨蒸汽折0.09吨标煤计算,MVR 技术将节约0.51~0.60吨标煤/吨产品,具有明显的节能效果。

MVR 技术可以较大幅度地降低设备投资成本,Lyocell 纤维溶剂回收中大都采用并流式多效蒸发工艺,这一工艺的特点是物料借助各效间的压力差流动。但随着效数的增加,传热效率不断降低,因此,必须配备大传热面积的设备。MVR 系统不存在传热效率降低的问题,因此,不仅减少热交换器的面积,进而节约了近50%的建筑面积,使 MVR 整体的投资成本比多效蒸发下降了近17%。

参考文献

[1] ROSENAU T,POTTHAST A,SIXTAH,et al. The chemistry of side reactions and byproduct formation in the system NMMO-cellulose[J]. Prog. Polym. Sci. 2001(26):1763-1837.

[2] 徐虎,徐鸣风,程春祖,等.流变法研究铜对 Lyocell 纤维纺丝原液热稳定性的影响[J]. 合成纤维. 2012,41(12):13-16.

第7章 Lyocell 纤维的性能及应用

7.1 Lyocell 纤维的物理性能

Lyocell 纤维具有卓越的物理性能,表 7-1 是几种常见的纤维素品种物理性能的比较。

表 7-1 常见纤维素纤维的性能比较

性能指标	Lyocell	黏胶纤维	Model	棉
线密度/dtex	1.7	1.7	1.7	—
强度/(cN·tex^{-1})	40~44	22~26	34~36	20~24
断裂伸长/%	14~16	20~25	13~15	7~9
湿强/(cN·tex^{-1})	34~38	10~15	19~21	26~30
湿态断裂伸长/%	6~18	25~30	13~15	12~14
湿态模量(5%伸长时)/(cN·dtex^{-1})	270	50	110	100
回潮率/%	11.5	13	12.5	8
保水率/%	65	90	90	50
纤维素聚合度 DP	550	250~350	300~500	—

纤维素纤维的物理性能除了纤维素自身的聚合度外,与其横截面形状有密切的关系,再生纤维的截面形状则与纺丝工艺相关。棉纤维的横截面呈腰子型,纵向呈扁平带状,并呈螺旋状的扭曲,它是未经加工的天然纤维素纤维,这种物理形态赋予了棉纤维一些特殊的物理性能,其横截面与纵向外观如图 7-1 所示。

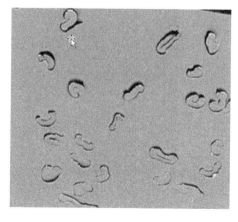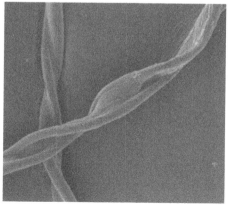

图 7-1 棉纤维的横截面与纵向外观

　　黏胶短纤维的横截面是一个不规则的多边形,呈扁平状,纵向有多条沟槽。黏胶纤维通常采用湿法纺丝工艺,纤维的形成经过了激烈的双扩散过程,使纤维的内部有大量的孔隙。不规则的形状和内部的孔隙造成了多处应力集中点,因此,黏胶纤维的强度较低。尤其当纤维处于湿态时,孔隙处的薄弱环节因为水或其他溶剂的介入而更脆弱,通常黏胶的湿强度只有干强的一半,进而大大影响了它的加工性能,图 7-2 所示为黏胶纤维的横截面与纵向外观。

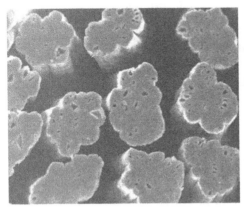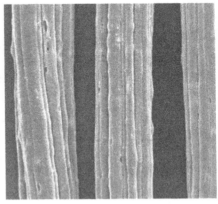

图 7-2　黏胶纤维的横截面与纵向外观

　　Model 纤维横截面接近腰圆形,纵向表面有较浅的 1~2 根沟槽,其生产过程与黏胶纤维相似,但所生产的纤维的聚合度较黏胶纤维高,它以榉木制成的木浆为原料,采用了特殊的纺丝工艺,因此湿强度高,具有良好的可纺性和纺织性,它的性能处于黏胶纤维和 Lyocell 纤维之间。Model 沿用了黏胶纤维的生产工艺,因此,生产过程中的污染仍然是一个严重的问题,其横截面与纵向外观如图 7-3 所示。

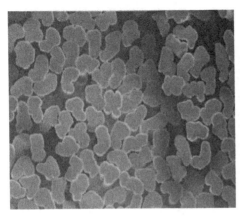

图 7-3　Model 纤维的横截面与纵向外观

Lyocell 纤维是以天然纤维素高聚物为原料,采用干喷湿纺的纺丝工艺制备而成,纤维横截面为圆形或椭圆形,内部无肉眼可见的孔隙,纤维表明光滑,无纵向沟槽。它的强度可以与涤纶媲美,且具有高模量和高的湿强度,其横截面与纵向外观如图 7-4 所示。

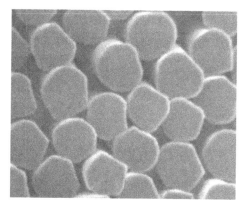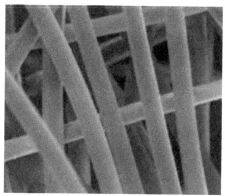

图 7-4　Lyocell 纤维的横截面与纵向外观

张建春等人[1-4]对 Lyocell 纤维的力学性能、聚集态结构、吸湿性及热性能进行了系统的研究,为合理使用 Lyocell 纤维提供了有益的信息。

Lyocell 纤维的 X 射线衍射结果表明,它具有典型的纤维素 Ⅱ 的晶型特征,为三斜晶型,根据衍射强度计算获得的纤维结晶度为 54%,较黏胶纤维的结晶度高(40%)。双折射的结果表明,Lyocell 纤维比黏胶纤维有更高的取向度,表明 Lyocell 纤维的纤维轴向规整性优于黏胶纤维。

Lyocell 纤维因其基本的化学结构所致,构成纤维的基本单元中含有大量的羟基,使它具有良好的吸湿性。Lyocell 纤维的吸水率可以达到 11.5%,高于棉纤维的吸水率。吸湿好能够提高织物的穿着舒适性,同时可以减少静电的积累。张建春等[1]对 Lyocell 纤维、黏胶纤维和棉纤维在水中的膨胀性进行了测试,结果表明,Lyocell 纤维具有最大的横向膨胀能力,膨胀率可以达到 40%,而黏胶纤维和细绒棉的横向膨胀率分别为 31% 和 8%;纵向膨胀的结果则相反,Lyocell 纤维仅为 0.03%,而黏胶纤维纵向膨胀达到 2.6%。这一数据在某种程度上说明了,用 Lyocell 纤维制作的服装将具有很好的尺寸稳定性,因为它几乎不产生纵向的膨胀。

Lyocell 纤维由干喷湿纺工艺制得,纤维具有较完善的圆形截面和较均一的内部结构,再加上纤维本身具有较高的聚合度,使 Lyocell 纤维的干强和湿强均高于棉纤维,其干强几乎达到了涤纶的水平,因此,有利于其加工和制备强度要求高的服饰。Lyocell 纤维还显示了较高的湿模量,这将使 Lyocell 纤维制造的面料具有缩水小、保形性好的特点。

Lycoell 纤维的热学性能直接影响它的加工性能和使用性能,研究其耐热性、热收缩性和燃烧性对确定加工工艺有指导意义,与黏胶纤维相比,由于 Lyocell 纤维的结晶度高,热分解的起始温度高于黏胶纤维,热失重较少,动态模量变化不大,纤维降强较少,断裂伸长率也可满足加工和使用要求,具有良好的耐热性,且热收缩率低,燃烧状况与黏胶纤维基本相同。Lyocell 纤维在 190℃下保持 30min,纤维的断裂强度和断裂伸长率分别为原值的 88.4% 和 88.6%,显示了良好的耐热性能。在常规纺织加工和正常使用中,服装面料可能遇到的最高温度约在 180℃,持续 30s 左右。因此,Lyoell 纤维可适应熨烫加工和使用要求。纤维素纤维不存在合成纤维那样的大量热收缩圈。特别由于 Lyocell 纤维结晶度高,结构致密稳定,故热收缩率很低,保持了类似于棉、麻等天然纤维素纤维的特性。

7.2　Lyocell 纤维的应用

Lyocell 纤维的化学结构与黏胶纤维相同,因此,具有天然纤维本身的诸多特性,如吸湿性、透气性、舒适性、光泽性、可染色性和可生物降解性等。此外,它还具有合成纤维的高强度的优点,其强度与涤纶接近,远高于棉和普通的黏胶纤维,良好的强伸特性不仅有利于纺纱、染整等加工过程,而且可以有效地提高织物的性能,它适宜与其他天然纤维或合成纤维混纺,开拓了应用领域。我国纺织下游企业将 Lyocell 纤维织物的基本特征表述为:涤纶般的强力,棉的舒适,黏胶纤维的悬垂性,真丝般的光泽。Lyocell 纤维的应用应该充分发挥其自身的特点。高吸湿性是它的本质特点,它赋予织物良好的服用性能,因此,它非常适合于制造服装,尤其是高档的服装,由于其具有很高的模量,使织物具有优异的保形性。此外,利用它高吸湿性和高强度可制作牛仔系列的服装。过去牛仔布都用棉布生产,但棉布的强度低,不耐磨。Lyocell 纤维的高强度是制作牛仔布的理想原料。Lyocell 纤维具有生物可降解性,因此,非常适合于制造一次性的卫生材料,目前在非织造面料中,有不少已经采用了黏胶纤维,但由于黏胶纤维的强度低,尤其是湿强低,使其最终产品的性能较低,利用 Lyocell 纤维的高强度,超短 Lyocell 纤维制作的可冲散非织造面料已经在市场上出现。

Lyocell 纤维还有一个不容忽视的特点是原纤化现象,它是纤维在湿态下由于纤维溶胀和机械外力作用,使原有的单根纤维在轴向发生劈裂,分裂出更细小的原纤。原纤化是所有纤维素纤维的共同特点,只是 Lyocell 更为严重。纤维的原纤化容易造成起毛、起球,从而影响外观和染色。但这一性能也可以被充分利用而成为优点,在纤维制造和加工过程中对原纤化进行调控来制备桃皮绒织物、过滤材料和特殊的纸张等。

对于服装却要尽力避免出现原纤化,这也是开发抗原纤化品种的原因。目前市售的抗原纤化 Lyocell 纤维大都是从兰精公司进口,主要品种包括 Tencel® A100、Tencel® A200 和 Lenzing Lyocell® LF。抗原纤化处理实际上是通过添加多官能团的化学试剂,将纤维表面的大分子以化学键的方式连接起来,防止了纤维表面形成微纤。这几个品种的生产工艺、抗原纤化效果及使用场合有所区别。其中,天丝 Tencel® A100 为抗原纤化产品,纤维在加工过程中不易发生原纤化,可获得具有特殊光洁效果的织物,并且不易起毛起球,但 Tencel® A100 与棉的同色性不好,且不易丝光整理,在碱性条件下易产生明显的痕迹,印染成品偶有甲醛含量超标现象。Tencel® A200 则是其后推出的适用于碱性条件下使用的抗原纤化产品。因此,它适用于与棉混纺,以便进行丝光处理和染色。大生产中,交联反应可以在短纤维被切断前的丝束上进行,也可以在纤维被切断后的丝网上进行。国内几家 Lyocell 纤维生产厂生产的抗原纤化产品正在推向市场。

参考文献

[1]张建春,梁高勇,施楣梧,等.Lyocell 纤维的吸湿性能研究[J].上海纺织科技,2001,29(6):54-55.

[2]张建春,施楣梧,尹继亮,等.Lyocell 纤维的力学性能研究[J].纺织学报,2000,21(2):71-73.

[3]张建春,施楣梧,刘巍,等.Lyocell 纤维的热学性能研究[J].纺织学报,2000,21(3):134-136.

[4]张建春,施楣梧.Lyocell 纤维的聚集态结构研究[J].纺织学报,2000,21(4):200-203.

第8章　Lyocell 纤维发展的前景展望

　　Lyocell 纤维以其原料可再生、生产过程无污染、产品弃后可生物降解和卓越的纤维性能而被誉为 21 世纪很有发展前景的绿色纤维。然而,纵观 Lyocell 纤维的发展历史,发现其发展速度远没有人们期望的那么快,生产工艺的难度自然是阻碍 Lyocell 纤维快速普及的原因之一,但纤维制造成本高则是另一个重要原因。Lyocell 纤维最大亮点是其清洁化生产工艺,但它并不直接体现在产品的价格上,换言之,当前的市场,更注重的是产品的性价比。就性价比而言,Lyocell 纤维受到了多方面的挑战,黏胶纤维具有与 Lyocell 纤维同样优异的吸湿性,它们都是以可再生的纤维素为原料和具有弃后可生物降解的特点。除了黏胶纤维加工过程中有污染,其湿强度逊色于 Lyocell 纤维外,从服用性能看没有本质上的差别。但它的价格远低于 Lyocell 纤维。与 Lyocell 纤维相比,除了原料来源和不可生物降解外,合成纤维某些物理性能甚至优于 Lyocell 纤维,它们更是有价格上的优势。不难看出,Lyocell 纤维尚未找到一个其他纤维无法替代的应用领域。相反,Lyocell 纤维始终在寻求替代原来纤维品种的路子,因此,要替代原有的品种就必须在性价比上具有强劲的竞争力。

8.1　影响 Lyocell 纤维发展的主要因素

8.1.1　过高的纤维制造成本

　　Lyocell 纤维的高制造成本是阻碍其快速发展的主要原因,制造成本居高不下的原因有以下几个方面。

　　(1)投资成本。黏胶纤维经过了一百多年的不断创新,其设备制造和工艺已经达到了相当成熟的地步,尤其是规模化生产使投资成本大幅度下降。目前黏胶纤维的最大的单线产能已经达到 12 万吨,每万吨纤维的投资成本下降到 9000 万元以下。Lyocell 纤维是一个全新的品种,其生产过程采用了与黏胶纤维完全不同的工艺和设备,由于目前建成的生产线数量仍非常有限,因此,其设备制造的成本仍会处于较高的水平。

　　(2)运行成本。与黏胶纤维相比,纤维成形后,后处理的设备和工艺大同小异,实际上,Lyocell 纤维的后处理工艺中也使用了常规的水洗、精练、上油、烘干等设备,区别在于溶胀、溶解和纺丝部分。黏胶纤维的工艺是浸压粉、浆粥、老成、黄化、溶解、过滤、熟成、脱泡、纺丝、拉伸、切断、精练、干燥、上油、打包。Lyocell 纤维的主工艺较黏胶纤维更为简洁,它可以描述为浆粕制备、溶液制备、纺丝、拉伸、切断、水洗精练、干燥、上油、打包。然而,Lyocell 纤维以 NMMO 为溶剂,它必须循环使用,溶剂每使用一次就要进行纯化和浓缩。常用的生产工艺待浓缩的 NMMO 水溶液的浓度在 15% 左右,而用于制备浆粕的溶剂浓度必须在 73%~83%(根据不同的生产工艺)。浓缩提纯的过程是一个耗能的工序,这就造成了 Lyocell 纤维的能耗远高于黏胶纤维。

(3)原材料消耗。NMMO 目前的市场价格还是相对较高,而它在循环使用的过程中不可避免会有一定的损失,首先是整个生产过程中的跑冒滴漏及废料,其次是 NMMO 在经历一系列加温过程后,不可避免会有少量的分解,再就是纤维中还会残留极微量的溶剂。中国纺织科学研究院在溶剂回收中采用了先进的 MVR 技术,保证了高的溶剂回收率。即便如此,仍会有一定的损失,按实际生产统计数据,每生产一吨纤维约要损失 50% 浓度的溶剂 46kg(折合回收率为 99.66%),吨纤维成本约增加 930 元。

由于 Lyocell 纤维制备过程是一个纯物理过程,因此,对浆粕有更为严格的要求,并不是所有的溶解浆粕都可以用来制作 Lyocell 纤维。这也意味着其原料成本较黏胶用浆粕要高。按目前的市场价格,Lyocell 纤维用浆粕比黏胶用浆粕的进口价高 10%,约 100 美元,因此,吨生产成本约增加 650 元。

上述几项费用是目前 Lyocell 纤维生产厂所不可避免的,自有技术核算要比黏胶纤维高约 3950 元,而引进技术即便在能耗和溶剂回收按最先进的计算,比黏胶纤维制作成本要高 6380 元。显然,制造成本高是阻碍 Lyocell 纤维快速发展的主要原因之一。

8.1.2　有限的市场需求总量

衣食住行是人们生活的基本需求,其中把衣着放在了首位,彰显了文明社会对服饰的重视。作为生活必需品,人们对纺织品的需求是永恒的,无论其他行业的形势如何变化,市场对纺织品的需求永远不会消失,而且会随着人们生活水平的不断提高,对纺织品的需求还会不断增加。然而,对纺织品的需求也不是无限制的,它们具有自身的发展规律,分析世界近 50 年的纤维生产的情况可以为我们提供一些启示。

市场需求是我们确定纤维总需求量的金标准,全世界人口增长和人民生活水平提高带来的消费增长是影响纤维需求的主要因素,近 50 年世界人均纤维消耗量和人口增长数如图 8-1 所示。

从 1970 年到 2020 年,世界人口从 37.00 亿人增加到 77.95 亿人,平均年增长率为 1.5%。同一时期,世界纤维总产量从 2085.2 万吨增加到 10640 万吨,平均年增长率为 3.2%。以此为基础计算的人均纤维消费量的年增长率为 1.7%。我国目前是世界上的纤维生产大国,占据世界纤维生产总量的 60%,因此,中国的纤维生产在世界上有着举足轻重的地位。最近 20 年是我国化学纤维发展的高峰期,从 2000 年到 2019 年我国

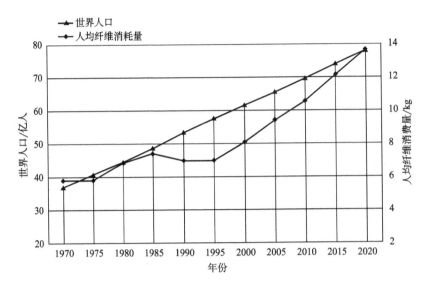

图 8-1　世界人口及人均纤维消耗量

纤维生产的年均增长率高达 9.2%,远高于世界平均水平,它直接拉动了世界纤维的总产量和人均消费量。如果扣除我国化纤纤维发展过快的因素,合理的世界人均消费量增长率应该在 1.5%左右。因此,从需求的角度看,世界纤维总增长率应该保持在 3%左右为宜。目前世界纤维的总产量大约在一亿吨,因此,每年新增产能应该保持在 300万~400 万吨为宜,这个增加量包含了所有品种的纤维,包括了世界上所有的纤维生产国家。因此,在考察某一个特定的品种时,一定不能忽视大环境。换言之,其他品种产能大幅度增加时,市场容量会被占据,它们都可能成为 Lyocell 纤维发展的潜在对手。

8.1.3　Lyocell 纤维替代黏胶纤维所面临的问题

　　黏胶纤维生产有悠久的历史,而特殊生产工艺对环境的污染始终困扰着黏胶的发展,长期以来人们一直在寻找一种清洁化生产工艺,以便使用与黏胶纤维同类原料,通过无污染的生产工艺,生产出与黏胶纤维相类似的产品,完成产品的更新换代,最终实现再生纤维素纤维的可持续发展。Lyocell 纤维的成功开发为这一目标带来了希望。新品种面临的最大挑战便是市场,市场是发展的基础,我国是黏胶纤维的生产大国,2019 年黏胶纤维的产量近 400 万吨,如果近期内 Lyocell 纤维能够替代一半黏胶纤维的产能,Lyocell 纤维的需求量就能够达到 200 万吨,我国新上的 Lyocell 纤维项目都将其作为立项的重要依据。然而,要用一种新的纤维品种替代一个成熟的纤维品种除了清洁化生产工艺外,还受到诸多其他因素的影响,尤其是产品的性价比。笔者认为黏胶纤维还会在今后很长一段时间内持续发展,因此,Lyocell 纤维替代黏胶纤维不可能在短期内实现,这也决定了 Lyocell 纤维的产能不宜发展得过快。

黏胶纤维产业依靠技术进步,其致命的环境污染问题正在不断得到改善,并已取得了十分显著的效果,其综合能耗也正在逐年降低,表 8-1 是由化纤协会提供的黏胶企业近几个五年计划期间废气去除率、废水排放和综合能耗的情况[1-3]。

表 8-1　我国黏胶纤维的废气去除率、废水排放和综合能耗

项目	2005 年	2010 年	2015 年	2020 年
废气去除率/%	27	75	85	90
废水排放/(t·t⁻¹)	97.79	87.45	66.5	50
综合能耗/(kgct·t⁻¹)	1682	1450	1000	960

黏胶纤维生产中产生污染的废气主要是二硫化碳和硫化氢,2005 年吨纤维排放的二硫化碳和硫化氢分别是 102kg/吨产品和 43.8kg/吨产品。而今,吨纤维的二硫化碳和硫化氢的排放量已经下降到 26kg/吨产品和 8kg/吨产品,下降的速度非常可观。

黏胶企业通过加大科研投入,优胜劣汰,改造老旧设备和工艺,使治理污染和节能减排取得了可喜的成绩,也正是因为黏胶企业的努力,使一些成功的企业生存了下来,而且还得到了长足的发展。尽管我们对环境治理的要求力度越来越大,在线检测等方法已经在很多地方实施,即便在这样的日趋严格要求的条件下,我国黏胶纤维近年来仍然有较大的发展,我国近十年黏胶短纤维的产量如图 8-2 所示。

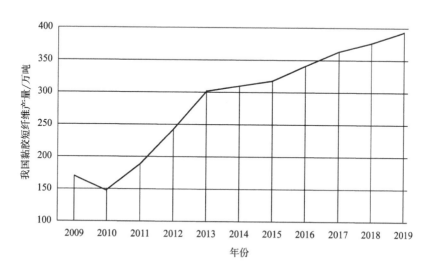

图 8-2　我国近十年黏胶短纤维的产量

黏胶短纤是黏胶纤维的主要品种,约占黏胶纤维总量的 95%,随着我国这几年严格限制新上长丝项目,这一比例还会进一步提高。由表 8-1 可见,近五年黏胶短纤维

的年平均增长率竟高达6%,据媒体报道,这一趋势在今后几年内还会持续,中泰化学加快公司在新疆区域90万吨黏胶纤维的布局,规划到2023年总产量将达到120万吨;新加坡金光集团宣布在我国建设300万吨黏胶项目;赛得利计划在九江再扩建100万吨黏胶项目;晨鸣纸业计划扩建50万吨黏胶项目等。这些产能将在最近几年内释放。我们不排除其中有些不理性的投资,但它从另一个侧面反映了黏胶纤维不会在短期内消亡的事实。

产能不断攀升的背后也是技术的创新。单线能力的增加是最为明显的技术成果,它直接带来了单位产量投资成本和运行成本的下降。我国黏胶纤维生产的初期,从国外引进的生产线,最大单线生产能力只有2万吨/年,而后我国自行研制的黏胶设备不断翻新,2007年山东海龙"年产4.5万吨黏胶短纤维工程系统集成化研究"项目获国家科技进步一等奖。2018年这一纪录被唐山三友集团打破,使单线产能一举提高到10万吨/年,目前最大的黏胶单线年产能已经达到12.5万吨。三友集团建成的生产线不仅大幅度提高了单线产能,还适用于生产超细旦纤维、阻燃纤维、着色纤维、竹浆纤维等功能性、差别化产品。据称该项目创造了装备水平、单线能力、综合能耗、环保水平、单位成本、自动化程度等六项世界第一。应用16效闪蒸等新技术每年可节约汽20万吨、节约电750万千瓦时,综合能耗大幅降低。此外,配套建设的污水生化、废气吸附装置使"三废"处理能力大幅度提升,其结果是使效益提高1.6倍。黏胶企业的发展还得益于规模化生产,尽管与国外相比,企业的平均规模仍然偏小,但像赛得利、唐山三友集团、中泰化学等大企业正在形成,一些技术落后的中小企业在规模化的过程中不断被淘汰,使行业进入了良性循环。大型企业还凭借着技术和资金的优势,加强科研投入,不断推出新技术,研究开发的技术一方面解决黏胶纤维制造过程中对环境的污染,另一方面则是开发产销对路的黏胶纤维新品种,目前黏胶纤维的差别化纤维的品种已达100多种,其中有诸多的高档次的差别化纤维,如黑色莫代尔、石墨烯莫代尔、增白纤维、负离子纤维、竹炭纤维、相变纤维等。与此同时,企业高度重视产业链的建设,利用成熟的市场营销渠道,产业链不断向前后延伸,市场信息得到了快速反馈,使这些企业具有更大的抗风险能力。

奥地利兰精公司是世界著名的纤维素纤维生产企业,也曾经是世界上唯一的Lyocell纤维的生产企业,这一纪录被保持了多年。同时,它也是世界上大型的黏胶纤维生产企业之一,2019年兰精公司的黏胶纤维产量为78.5万吨,占世界总产量的15%。值得注意的是,兰精公司在奥地利的黏胶生产厂一直在正常运行,2009年奥地利兰精地区的黏胶产量为25.5万吨,浆粕产量为25万吨,十年后,黏胶纤维和浆粕的产量不仅没有降低,反而略有上升,2019年奥地利兰精地区的黏胶产量为28.4万吨,浆粕的产量为32万吨。这里有两点值得我们思考,首先,兰精公司拥有世界上最先进的Lyocell纤维制造技术,这些年Lyocell纤维产量不断增加,但始终没有关闭其在奥地利的黏胶生产线;其次,奥地利对于环境要求非常严格,兰精公司能够生存下来了,而且还能不断发展。由此,用 Lyocell 纤维替代黏胶纤维并不像人们想象的那么简单,另一方面则说明黏胶纤维的污染只要投入足够的研发力量和资金,是能够达到相关环保要求而继续生存的。

从国家政策的层面上,我国对于黏胶企业的生存和发展仍然留有一定余地,首先认定黏胶纤维生产过程有污染,因此,黏胶纤维企业必须不断提高治理污染的能力,治理污染的要求会随着对环境保护要求的不断提高而提高,但这些要求一定是基于当前的发展水平。工业和信息化部《黏胶纤维行业规范条件(2017 版)》和《黏胶纤维行业规范条件公告管理暂行办法》两文件从"生产企业布局""工艺和装备要求""资源消耗指标""环境保护"等方面做出了相关规定,并自 2017 年 9 月 1 日起实施。文件指出,严禁新建黏胶长丝项目;严格控制新建黏胶短纤维项目,新建项目必须具备通过自主开发替代传统棉浆、木浆等新型原料,并实现浆粕、纤维一体化,或拥有与新建生产能力相配套的原料基地等条件;鼓励和支持现有黏胶纤维企业通过技术改造淘汰落后产能,优势企业并购重组;各省、自治区、直辖市有关部门要根据当地环境、资源、能源和市场需求情况,科学合理规划本地区黏胶纤维行业的发展;新建和改扩建黏胶纤维项目要符合国家产业规划和产业政策,符合本地区生态环境和土地利用总体规划要求。从这些规范中可以看出,黏胶纤维的发展在不同的地区将会有不同的要求,其核心是要通过科技改造,淘汰落后产能。就污染而言要根据当地的情况,不能超过规定的容量。因此,黏胶纤维在沿海发达地区继续布局的可能性会越来越小,而环境容量较大的内陆及西部地区仍有较大的发展空间。我们甚至可以从全球的角度看黏胶纤维的发展,今后若干年存在向发展中国家转移黏胶产能的可能性。因此,从世界范围看,黏胶纤维的产量在今后若干年不仅不会减少,而且还会以一定的速度增长。

随着我国自行开发 Lyocell 纤维技术的成功及引进项目的陆续投产,规模化生产 Lyocell 纤维的技术壁垒已被打破,更是由于对 Lyocell 纤维绿色制备工艺和纤维优异性能的广泛宣传,使 Lyocell 纤维成了当今纺织业的投资热点。据不完全统计,全国已形成的项目年生产能力近 10 万吨,在建项目合计产能约 28 万吨,规划中的近期建设项目更是高达 126 万吨,然而,以这样的速度发展是否合理,非常值得我们认真思考!

原料可再生,加工过程清洁化,纤维弃后可生物降解且具有卓越的物理性能,每项都与当今世界发展潮流相符。考虑到 50 年后石油即将耗尽,化纤产品不得不依靠可再生的原料。污染导致的气候变暖,正威胁着人们的生存空间,清洁化生产工艺至关重要。因此,从长远看,Lyocell 纤维无疑是一个具有广阔发展前景的品种。然而,一个纤维品种的发展除了它的远景和社会效益,发展必须符合市场规律,过激、过快的发展不可避免地会引发恶性竞争。在诸多新上项目中,对 Lyocell 纤维发展判断中,都会将替代黏胶纤维作为一个重要的依据,因为黏胶纤维生产过程污染大终将被淘汰。目前世界黏胶纤维的产量已经达到 700 万吨,只要替代一半的黏胶纤维产能,Lyocell 纤维的需求量就达到 350 万吨。这听起来似乎很有道理,但没有考虑到两个重大问题,首先,黏胶纤维在什么条件下才会被替代? 其次,替代会在多长时间内发生? 新上项目将很快就会投入生产,投产后如果 Lyocell 纤维在价格和性能方面尚不具备替代黏胶纤维的优势,那么替代黏胶纤维的假设就成了一句空话,企业一定会步入发展的困境。

Lyocell 纤维替代黏胶纤维的核心问题是性价比。与黏胶纤维相比,Lyocell 纤维突出的优势是生产过程无污染及卓越的物理性能。但生产过程清洁化等优势并不会直接体现在产品的使用价值上,清洁化生产带来的巨大的社会效益可以作为产品宣传推广的一个亮点,但对于大多数顾客而言,人们更关心的是其使用价值,因此,清洁化生产工艺与 Lyocell 纤维的高强度,尤其是高湿强度就很难在产品价格上体现出来。再者,黏胶纤维在纺纱、织布等方面已经有了非常完善的生产设备和工艺,使黏胶纤维能够在绝大多数场合得到很好的应用,其织物同样具有 Lyocell 纤维相似的吸湿性、柔软性及穿着舒适性,而价格比 Lyocell 纤维低得多。Lyocell 纤维强度高对提高纺丝、织布速度有利,但它在整个流程中对整体价格的影响有限。高强度的纤维能够制备更轻薄的服装,使用更耐久,就当今流行的衣着观看,时尚是关键,一件衣服由于强度高而多穿几年未必是一件好事,对于绝大多数使用场合,并不需要纤维有这么高的强度。换言之,在服用领域,Lyocell 纤维的高强度并没有被充分利用。此外,Lyocell 纤维还存在品种单一和易原纤化的短板。

综上所述,Lyocell 纤维随着产量的不断增加,设备制造成本会有较大幅度的下降,工艺的进一步优化,单线产能的增加以及新的品种开发都会有效降低生产成本和增加产品的附加值,所有这些因素都会促使 Lyocell 纤维的快速发展,但这些工作都非立刻能够实现的,它的发展需要有一个漫长的过程。Lyocell 和黏胶纤维一快一慢的发展态势至少还会持续十年甚至二十年,Lyocell 纤维和黏胶纤维将会在更长的时间内并行存在。因此,Lyocell 纤维的发展不能寄希望于黏胶纤维的消失,发展 Lyocell 纤维还要依靠其自身的技术进步,根本出路在于提高纤维的性价比和开发新的应用领域。

8.1.4 来自其他纤维品种的冲击

要充分考虑其他化纤品种对 Lyocell 纤维发展的影响。2019 年我国合成纤维的产量已经达到 5279 万吨,其中聚酯纤维产量占 90%。聚酯产品生产工艺成熟,产品质量优异,花色品种繁多,价格低廉,在行业中占有无可匹敌的地位。2019 年较 2018 年仅涤纶长短丝合计产量便增加 736 万吨。尤其要关注回收聚酯纤维的发展趋势,合成纤维以石油为原料始终是业内人士担忧的事,纯粹依靠石油为原料来生产聚酯,迟早会遇到原料来源不足的问题。聚酯回收技术,尤其是全化学法回收技术,是解决聚酯原料来源的重要手段,随着回收技术的日趋成熟,有限的资源得以拓宽。世界已经生产的涤纶已高达 10 亿吨,加上瓶料和其他塑料产品,存量已高达几十亿吨。这些废弃的原料如果能够重复使用,合成纤维原料用尽的期限将会延长至几百年,甚至更久。由此可见,纤维素纤维在近几十年的时间段内仍然只是配角,以涤纶为主的合成纤维在今后的几十年内仍是纤维制造业的主打产品,涤纶产业的存在与发展将会使纤维的价格始终维持在较低的水平,价格及性能上的优势会压制其他品种的纤维的发展,Lyocell 纤维也不例外。

此外,生物基合成纤维的快速发展也会给 Lyocell 纤维的发展带来冲击,利用生化技术,以淀粉或纤维素等为原料开发生物基单体的技术正快速发展,日趋成熟。这类产品的最大特点是改变了原料的来源,它们不再是从石油中获取,而是用可再生的资源作为原料,其后,有了单体可以直接利用成熟的聚合技术和装置生产生物基合成纤维。从理论上讲,生物技术可以制备目前合成纤维中使用的所有品种的单体,其成功与否在于制造成本的高低。目前有些新开发的生物法制备的单体成本已经可以与石油路线生产的产品价格相匹敌,它为聚酯纤维、锦纶等大众化纤产品的可持续发展增添了一条路径。以生化技术开发的戊二胺为原料生产的尼龙 5.6 已经投入工业化生产,2018 年 5 万吨尼龙 5.6 在新疆乌苏市投入运行,规划中将进一步扩大至 100 万吨。辽宁省丹东市有意愿建设 100 万吨生物基尼龙 5.6 生产线及配套产业。此外,以生物基 1,3-丙二醇为原料的 PTT、以淀粉为原料生产的 PLA 等都已经步入规划化生产。生物基合成纤维是国家重点支持项目,它们都会在今后几年有很大的发展,由于这些产品与 Lyocell 纤维相比价格相对便宜,因此,生物基纤维的发展无疑也会对 Lyocell 纤维的发展造成一定的影响。

8.2　健康发展 Lyocell 纤维的建议

尽管 Lyocell 纤维的发展面临着诸多的困难和挑战,但它的前景毋庸置疑。纵观行业发展的大方向,Lyocell 纤维的健康发展一方面要合理控制总产能,更要在提高性价比上下功夫。Lyocell 纤维发展历史短,尚有许多潜在的发展空间。

8.2.1　打造规模化专用设备制造企业

目前从国外引进的技术投资成本最高,每万吨纤维的投资约需 4 亿人民币。而由我国自行开发的技术每万吨纤维投资约为 2 亿人民币。尽管我国自行开发的技术投资仅为引进设备的一半,但与黏胶纤维的投资相比,仍然要高得多,每万吨黏胶纤维的投资约在 9000 万人民币。从工艺分析,Lyocell 纤维的工艺要比黏胶纤维的工艺更简单,Lyocell 纤维的生产设备台套数少于黏胶纤维,更重要的是 Lyocell 纤维纺丝工序后的水洗、精练、上油、烘干机打包设备几乎和黏胶纤维的设备一样。差别仅仅在于纺丝溶液制备部分的设备,目前之所以投资高的原因是 Lyocell 纤维的专用设备尚未形成批量生产。随着新上项目的不断增多,一旦投入批量生产,逐步形成具有一定规模的专业设备制造厂,设备制造成本将会有较大幅度的下降。因此,Lyocell 纤维投资成本要达到黏胶设备的水平是完全有可能的,当然,实现这一目标需要有一定的时间。投资成本的另一个因素是单线产能,我国已经形成生产能力为 3 万吨/年的生产线,随着技术进步,6 万吨/年的生产线已经在建设中,单线产能为 10 万吨/年的技术正在研究中。单线产能的提高一方面可以节约设备投资,更重要的是具有明显的节能效果。这对于耗能较高的 Lyocell 纤维制备工艺尤为重要。当然,单线产能并不是越大越好,过大的单线产能在投资与运行方面的优势有可能被有限的产品的品种与产品质量的降低所抵消。因此,今后新项目提倡的可能是合理化的规模,这一单线规模估计会在 6 万~8 万吨。企业更要根据具体情况作合理的选择,并要关注 Lyocell 纤维整个行业的发展动态。单线产能大的生产线适合于生产大众化的常规产品。而对于小批量多品种的差别化纤维而言,中小产能的生产线更为适宜。Lyocell 纤维要增加其性价比开发品种将是一个重要的方向。因此,从整个行业看,要有一定量的基础产品,同时希望有更多的差别化产品。

8.2.2 优化生产工艺和设备

Lyocell 纤维的制造过程耗能较大,是运行成本的主要组成部分。除了提高单线产能,目前已经实施的工艺在节能降耗方面尚有很大潜在空间,具体如下。

提高纺丝液浓度是在现有设备条件下,通过工艺优化增加产量的一种途径。NMMO 水溶液对纤维素有很好的溶解能力,实验表明,纤维素在 NMMO 水溶液中的溶解浓度可以高达 30%,实际生产中因种种原因不可能采纳这么高的浓度,但当纺丝溶液中纤维素的浓度提高 1 个百分点时,同样量的溶剂所生产的纤维将增加近 10%,这将大大提高设备利用能力,并大幅度降低单耗。提高纤维素浓度的障碍在于过高的纺丝液黏度。这一问题可以通过适当降低浆粕的聚合度来实现,因为目前 Lyocell 纤维所使用的浆粕聚合度都在 600 左右,它所对应生产出来的纤维具有 4cN/dtex 以上的断裂强度,这一强度对于绝大多数使用场合是一种浪费。采用聚合度相对较低的浆粕(如 500 左右),开发中、低强纤维素纤维将是一个重要的方向。采用低聚合度的浆粕原料可以大幅度提高纺丝液浓度,有可能从现在的 12% 增加到 15% 以上,甚至更高,较低聚合度的浆粕还有利于改善纺丝液的流变性,可以进一步提高纺丝速度,最终结果可能使生产效率获得显著提高。使用不同聚合度的浆粕来生产不同强度的 Lyocell 纤维,开发 Lyocell 纤维的系列化产品,使纤维潜在的性能得以充分的利用,这是今后产品开发的一个重要方向。例如,如果能够以聚合度为 350~400 的浆粕为原料,预计其纤维的干强会与黏胶纤维同等,而其湿强因为工艺不同的原因会比黏胶纤维高。另一方面,由于采用较低聚合度的浆粕,其生产效率可以有较大幅度的提高,生产效率的提升就意味着制造成本的下降。这类产品就有了部分替代黏胶纤维的可能性,从而扩大应用市场和提升 Lyocell 纤维的市场竞争力。

提高凝固浴浓度也是节能降耗的一个方向。Lyocell 纤维生产中,溶剂回收的耗能几乎占了总耗能的一半,提高凝固浴浓度可有效减少溶剂回收量。溶剂回收的能耗取决于两方面的因素,一是回收总量,回收量越大,耗能越大;二是待回收液浓度与最终工艺要求的 NMMO 溶液的浓度之差,浓度差越小,耗能越少,使用较高浓度的凝固浴浓度和使用较低浓度的浸渍用溶剂都能够减少浓度差。如果将现有工艺使用的凝固浴浓度从 20% 提高到 25%,每生产一吨纤维蒸发溶剂中的水量就可以减少 6.4 吨,一条 3 万吨的生产线年减少蒸发水的量可高达 19 万吨,按六效蒸发用气量计算,每蒸发一吨水需要 0.23 吨蒸汽,一年就可以节约 4.37 万吨蒸汽,可见它将具有十分明显的节能效果,目前采用的凝固浴浓度仍有相当宽的优化余地。凝固浴浓度的提高,可以减缓双向扩散的过程,还有利于提高纤维的物理性能。当然,凝固浴浓度的提高会对纤维素纤维的成形过程产生影响,需要有相应的工艺来配合实施。同时,还应该关注浆粕中低聚合度成分溶解的问题,凝固浴浓度越高,能够溶解在凝固浴中的有机物成分越多,它将不利于产品的得率与溶剂回收,这些问题有可能通过调节浆粕质量指标加以解决。无疑它是一个潜在的发展方向,但仍需要做大量的研究和实践。

提高纺丝速度是一个立竿见影的工艺优化选项,目前 Lyocell 纤维纺丝速度基本上控制在 40m/min 左右,如果能够将纺丝速度提高到 80m/min,这就意味着生产线的产能可以增加一倍,Lyocell 纤维长丝的实验已经证明,稳定的纺丝速度可以达到 400m/min,说明纺丝熔体本身具有很好的可拉伸性,因此,具有提高纺丝速度的潜能。根据聚合物的可纺性及其他纤维品种类似的纺丝工艺,将纺丝速度提升到 80m/min 的可能性完全存在。当然,利用现有的设备提升纺丝速度是一个系统工程,它要求整个生产线都有提升空间,尤其是作为瓶颈的薄膜蒸发器。纺丝速度的提高还会影响纤维的质量,纺丝速度越高,产生疵点的可能性越大。因此,纺丝速度的优化只能循序渐进,但无疑具有很大的优化余地。

另外,可在产品应用上下功夫,要充分利用 Lyocell 纤维自身的突出优点。作为民用纤维新品种,其产品开发无非是两个方向,一方面是利用其性能及价格的优势,替代现有的纤维品种;另一方面则是利用其独特的性能开辟新的应用领域,提高产品的附加值。Lyocell 纤维目前较高的生产成本实际上限制了其作为黏胶纤维、涤纶等替代品的可能性。因此,除了在降低成本的同时,挖掘其性能、开辟新的应用场合是产品开发的突破口。Lyocell 纤维同时具有高强度和生物可降解性是其最大的亮点,白色污染的问题已经越来越引起人们的重视,与人们生活密切相关的医用产品和一次性卫生用品等使用可降解材料无疑将会是一个热门的发展方向。而目前这一领域中大多数仍然使用的是不可降解的合成纤维，Lyocell 纤维凭借着这一特点可以找到相关的应用场合，尤其是结合熔喷和纺粘技术生产的非织造产品有广阔的开发前景。

8.2.3 建立从原料到产品的产业链

由于 Lyocell 纤维特殊的制备工艺，使浆粕对其生产工艺和产品质量的影响远远超过黏胶纤维，由于生产过程对浆粕的聚合度没有调节的手段，因此，选定一种浆粕后其浸渍性能及基本物理性能已经确定。兰精公司 Lyocell 纤维用浆粕基本是由其下属公司提供，而且配备有强大的浆粕研究部门。任何一种供 Lyocell 纤维用浆粕在批量使用前，都需要对生产工艺做一定的调整，而这些工作需要浆粕生产厂和纤维制造厂的紧密合作。因此，兰精公司对与其供货商设有诸多的限制条款，为兰精供应浆粕的供应商基本上不允许供应其他客户。也就是说，Lyocell 纤维浆粕的制备有其独特的要求，这些要求仍然是各家的保密技术。我国 Lyocell 纤维生产用浆粕都是从国外进口，目前，虽然有多家浆粕供应商声称能够提供 Lyocell 纤维的浆粕，但能够比较好地满足生产需求的供应商并不多。随着我国 Lyocell 纤维的快速发展，浆粕供应会出现供不应求的局面，价格不断攀升也在意料之中。

浆粕供应目前存在几个方面的问题，一是 Lyocell 纤维用浆粕尚无完整、合理的检测方法和标准，目前，国外 Lyocell 纤维生产厂提供的指标仅仅是在黏胶纤维浆粕基础上做了一些微小的改动。由于上下游间没有建立密切的合作，有些浆粕生产厂还不清楚 Lyocell 纤维用浆粕的关键控制参数，纤维生产厂也不愿意将真实的使用情况如实反馈给浆粕制造商。因此，他们提供的浆粕通常要经过多次试验后才能够确定是否合用。另外，目前国外浆粕厂所提供的浆粕品种单一，将来要开发新的品种也会遇到很多合作上的问题。从长远发展来看，Lyocell 纤维要适应市场需求，必须发展系列产品，而开发系列产品必须从原料着手。以不同聚合度的浆粕为原料，开发具有不同强度的 Lyocell 纤维可以使纤维生产者有效降低生产成本，同时使使用者也可以用更优惠的价格购买到合适的产品，做到物尽其用。由此可见，浆粕生产的品种和质量与纤维生产有着非常密切的关联。因此，亟待建立我国 Lyocell 纤维的专用浆粕生产厂，通过浆粕厂和纤维生产厂的密切合作，彻底解决目前依靠进口浆粕而受制于人的局面，更重要的是为开发系列化产品、降低生产成本提供条件。更期待 Lyocell 纤维生产厂通过产业链的延伸，拥有自己的浆粕生产厂，开发浆纤一体化的生产工艺，这将会使 Lyocell 纤维制造成本大幅度下降。

NMMO 溶剂是 Lyocell 纤维生产中重要的原料及消耗品。目前 NMMO 也依靠进口，进口价格在 2 万多元一吨。印度和德国是世界上 NMMO 的主要供应商。NMMO 作为溶剂在生产过程中被重复使用，因此，不可避免地会有损耗，目前最好的溶剂回收率在 99.7% 左右。损耗来自纤维中的微量残存、NMMO 在长期使用过程中的分解以及正常生产操作中的损耗,如更换过滤器、纺丝组件和喷丝板等。尽管回收率已经很高,但对于万吨装置而言,0.3% 的损失也相当可观。一个年产 3 万吨的 Lyocell 纤维生产厂,回收率达到 99.7%,其年消耗的 NMMO 溶剂(按商品 50% 浓度)达 1500 吨。因此,从长远看,当我国 Lyocell 纤维产能达到 100 万吨时 ,其年消耗量就达到 5 万吨的规模,100 万吨产能正常运行所需的溶剂量更是高达 200 万吨,这将是一个数十亿产值的企业。建立我国规模化的 NMMO 生产厂有助于稳定原料的供应,更有望大幅度降低 NMMO 的价格。况且,我国也已经有成熟的 NMMO 生产技术及丰富的制造 NMMO 的原料。

Lyocell 纤维以丰富易得的可再生资源为原料、清洁化的生产工艺、优异的物化性能和弃后可生物降解等综合优势呈现了广阔的发展前景,它必将会成为纺织行业的一个重要的品种,但由于目前性价比上尚不具备特别的优势,因此,它的发展将是一个漫长的过程。Lyocell 纤维健康发展,一定不能脱离国内外的大环境,要综合考虑市场总量、生产成本、销售价格、原料来源等因素。Lyocell 纤维的发展更是要依靠自身的技术创新,不断优化工艺,大幅度降低生产成本、开拓应用领域,逐步提高其性价比。Lyocell 纤维的研究和制造企业及决策部门应该以市场为导向,合理控制总体规模与速度,为 Lyocell 纤维的健康发展贡献中国的智慧。

参考文献

[1]中国化纤纤维工业协会.中国化纤行业发展与环境保护[M].北京:中国纺织工业出版社,2017.
[2]中国化纤纤维工业协会.中国化纤行业发展与环境保护[M].北京:中国纺织工业出版社,2012.
[3]中国化纤纤维工业协会.中国化纤行业发展与环境保护[M].上海:东华大学出版社,2019.